Wissenschaftliche Taschenbücher WTB

Mathematik · Physik

Der Regelkreis

Akademie-Verlag · Berlin
Pergamon Press · Oxford
Vieweg + Sohn · Braunschweig

J. H. SANDERS
Die Lichtgeschwindigkeit. Einführung und Originaltexte

JEAN KUNTZMANN
Unendliche Reihen
Mathematische Hilfsmittel der Physik und Chemie
Mit 94 Übungen und 29 Aufgaben

JEAN KUNTZMANN
Systeme von Differentialgleichungen
Mathematische Hilfsmittel der Physik und Chemie
Mit 88 Übungen und 40 Aufgaben

JEAN KUNTZMANN
Komplexe Veränderliche
Mathematische Hilfsmittel der Physik und Chemie
Mit 90 Übungen und 37 Aufgaben

FERDINAND CAP
Einführung in die Plasmaphysik
I. Theoretische Grundlagen

FERDINAND CAP
Einführung in die Plasmaphysik
II. Wellen und Instabilität

FERDINAND CAP
Einführung in die Plasmaphysik
III. Magnetohydrodynamik

J. A. ROSANOW
Wahrscheinlichkeitstheorie

HARRY PFEIFER
Theorie linearer Bauelemente
Elektronik für den Physiker I

HARRY PFEIFER
Die Elektronenröhre
Elektronik für den Physiker II

HARRY PFEIFER
Schaltungen mit Elektronenröhren
Elektronik für den Physiker III

HARRY PFEIFER
Leitungen und Antennen
Elektronik für den Physiker IV

HARRY PFEIFER
Mikrowellenelektronik
Elektronik für den Physiker V

HARRY PFEIFER
Halbleiterelektronik
Elektronik für den Physiker VI

SIEGFRIED HAUPTMANN
Über den Ablauf organisch-chemischer Reaktionen

GERHARD HÜBNER / KLAUS JUNG / ECKART WINKLER
Die Rolle des Wassers in biologischen Systemen

STEPHEN G. BRUSH
Kinetische Theorie. Teil I und II
Einführung und Originaltexte

EBERHARD HOFMANN
Eiweiße und Nucleinsäuren als biologische Makromoleküle
Dynamische Biochemie, Teil I

EBERHARD HOFMANN
Enzyme und energieliefernde Stoffwechselreaktionen
Dynamische Biochemie, Teil II

EBERHARD HOFMANN
Intermediärstoffwechsel
Dynamische Biochemie, Teil III

EBERHARD HOFMANN
Grundlagen der Molekularbiologie und Regulation des Zellstoffwechsels
Dynamische Biochemie, Teil IV

HERBERT GOERING
Elementare Methoden zur Lösung von Differentialgleichungsproblemen

PETER KRUMBIEGEL
Isotopieeffekte ·

D. M. BRINK
Kernkräfte. Einführung und Originaltexte

DIETER ONKEN
Steroide
Zur Chemie und Anwendung

HEINZ GEILER
Ökologie der Land- und Süßwassertiere

ARTHUR P CRACKNELL
Angewandte Gruppentheorie. Einführung und Originaltexte

DIETER KLAUA
Elementare Axiome der Mengenlehre

GÜNTER TEMBROCK
Grundlagen der Tierpsychologie

J. F. VINSON
Optische Kohärenz in der klassischen Theorie und in der Quantentheorie

W. R. HINDMARSH
Atomspektren. Einführung und Originaltexte

GÜNTER TEMBROCK
Biokommunikation
Informationsübertragung im biologischen Bereich
Teil I und II

ADOLF ZSCHUNKE
Kernmagnetische Resonanzspektroskopie in der organischen Chemie

DIETER MERKEL
Riechstoffe

JOHN CUNNINGHAM
Vektoren

GEORG DAUTCOURT
Relativistische Astrophysik

ERNST SCHMUTZER
Symmetrien und Erhaltungssätze der Physik

MICHAEL GÖSSEL
Angewandte Automatentheorie, Band I
Grundbegriffe

MICHAEL GÖSSEL
Angewandte Automatentheorie, Band II
Lineare Automaten und Schieberegister

HEINRICH KINDLER
Der Regelkreis. Eine Einführung

Vorschau auf die nächsten Bände:

WOLFRAM BRAUER / HANS-WALDEMAR STREITWOLF
Theoretische Grundlagen der Halbleiterphysik I

DIETRICH BENDER / ERNST-EGON PIPPIG
Einheiten, Maßsysteme, SI

DIETER KLAUA
Grundbegriffe der axiomatischen Mengenlehre, Teil II
Einführung in die allgemeine Mengenlehre II b

JOACHIM NITSCHMANN
Entwicklung bei Mensch und Tier
Embryologie

WTB

BAND 106

Heinrich Kindler

Der Regelkreis

Eine Einführung

Mit 104 Abbildungen und 2 Tabellen

AKADEMIE-VERLAG · BERLIN

PERGAMON PRESS · OXFORD

VIEWEG + SOHN · BRAUNSCHWEIG

Reihe MATHEMATIK UND PHYSIK

Verfasser:
Prof. Dr. phil. Dr. Ing. E. h. Heinrich Kindler
Technische Universität Dresden
Sektion Informationstechnik
Bereich Regelungstechnik und Prozeßsteuerung

ISBN 3 528 06106 5

1972

Lizenznummer: 202 · 100/414/72
Herstellung: VEB Druckhaus „Maxim Gorki", 74 Altenburg
Bestellnummer: Akademie-Verlag 761 570 7 (7106) · ES 20 K 2, 19 B 4
Pergamon Press 08 0172 88 1
Vieweg + Sohn 6106
Printed in German Democratic Republic

Einleitung

Im Rahmen der Kybernetik (vgl. z. B. [1]) ist der Regelkreis ein wichtiges Teilsystem, das in vielen Gebieten der Technik, der Medizin, Biologie, Ökonomie u. a. große Bedeutung erlangt hat. Im vorliegenden engen Rahmen wird nur der lineare stetige Regelkreis mit einer Regelgröße betrachtet, wobei zur Erläuterung technische Realisierungen herangezogen werden. Zur Behandlung werden gewöhnliche Differentialgleichungen verwendet, während auf die Methode der Zustandsvariablen verzichtet wird, da nur der einfache Regelkreis betrachtet wird. Zudem ist das vorliegende Taschenbuch für Leser gedacht, die zwar mit dem Prinzip der Regelung konfrontiert werden, sich aber damit nicht als Spezialist zu befassen haben.

Nach kurzen Ausführungen über Signale wird auf das Übertragungsglied, die Übertragungsfunktion und deren Verknüpfungen eingegangen. Es folgt die Erörterung des Frequenzganges von Übertragungsgliedern. Ausführlich wird auf den Regelkreis und die Frage seiner Stabilität eingegangen. Daran werden Darlegungen zur Bestimmung der Güte eines Regelkreises angeschlossen. Abschließend wird ein Regelkreis mit Varianten rechnerisch behandelt.

Inhaltsverzeichnis

1. Über Signale

Die Verwendung von Informationen, also wissenschaftlich definierten Nachrichten, zur Erreichung des angestrebten Zieles, spielt bei der Automatisierung – anders als bei der Mechanisierung – eine entscheidende Rolle. Im Rahmen der Automatisierung werden daher Einrichtungen benötigt, die zur Gewinnung, Weiterleitung und Verarbeitung von Informationen über den Zustand eines Prozesses und zu seiner Beeinflussung durch Informationen geeignet sind.

Die Information als abstrakter Begriff bedarf einer physikalischen Repräsentation, die in Form von Signalen gegeben ist. Das Signal ist der materielle Träger der Information, und zwar in weitestem Sinne des Wortes. Wegen der vorhandenen großen Vielfalt kann hier keine erschöpfende Definition des Begriffes „Signal" gegeben werden. Im Rahmen der Automatisierung wird unter einem Signal $S(t)$ eine von einer physikalischen Größe getragene Zeitfunktion verstanden, wenn diese einen Parameter besitzt, der den Wert und Verlauf einer technischen oder physikalischen Größe nach einer vereinbarten Vorschrift abbildet. Dieser Parameter, der Informationsparameter I genannt wird, hängt eindeutig mit der signalisierten Größe zusammen.

1.1. Einteilung der Signale

Die Signale lassen sich einteilen in

determinierte Signale und
zufällige (stochastische) Signale.

Im vorliegenden engen Rahmen werden nur determinierte Signale in Betracht gezogen. Determiniert heißt ein Signal, wenn sein Informationsparameter I zu jedem Zeitpunkt bekannt ist. (Zufällig heißt ein Signal, wenn sein Informationsparameter eine zufällige Größe ist.) Falls zufällige Signale nicht berücksichtigt zu werden brauchen, vereinfachen sich die Betrachtungen ganz wesentlich. Die zufälligen Signale sind aber, was an dieser Stelle nur festgestellt werden kann, die natürlichen Signale, die bei einem Regelungssystem tatsächlich auftreten.

Die determinierten Signale lassen sich klassifizieren in

analoge Signale,
diskrete Signale,
kontinuierliche Signale,
diskontinuierliche Signale,
stetige Signale,
unstetige Signale.

Bei Vorliegen eines analogen Signales kann der Informationsparameter I innerhalb bestimmter Grenzen jeden beliebigen Wert annehmen. Dagegen besitzt der Informationsparameter bei diskreten Signalen nur endlich viele (diskrete) Signale. Signale mit genau zwei diskreten Werten werden binäre Signale genannt. Kann sich der Informationsparameter in jedem beliebigen Zeitpunkt ändern, so heißt das Signal kontinuierlich, anderenfalls diskontinuierlich. Bei stetigen Signalen ist der zeitliche Verlauf eine stetige Funktion, bei unstetigen ist er unstetig.

Verschiedene Fälle für die Zeitabhängigkeit von determinierten Signalen zeigt Abb. 1.1.

Bei 1.1a handelt es sich um ein kontinuierliches analoges Signal, wobei die Signalamplitude $S(t)$ den Informationsparameter I darstellt. In 1.1b ist ein diskontinuierliches, analoges Signal eingetragen, wobei die Höhe der Rechtecke Informationsparameter ist. Weiter ist in 1.1c der Verlauf eines kontinuierlichen diskreten Signals eingetragen. Schließlich ist in 1.1d ein diskontinuierliches diskretes Signal angeführt, bei dem die Übertragung nur zu gewissen Zeitabschnitten mit diskreten Werten erfolgt.

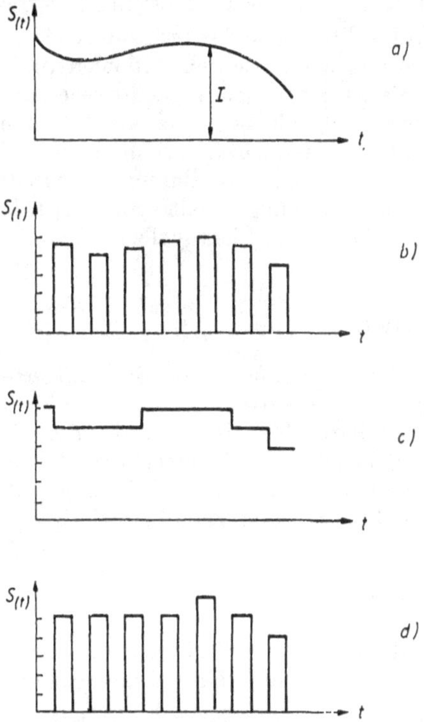

Abb. 1.1. Darstellung einer Zeitfunktion durch verschiedenartige Signale

Nun sei noch darauf hingewiesen, daß als Informationsparameter nicht nur die Amplitude auftreten kann, sondern auch z. B. die Frequenz, die Phasenlage, der Scheitelwert einer Wechselgröße.

Beispiel 1: Der Wert der Ausgangsspannung eines in einem Ofen befindlichen Thermoelementes ergibt eine Information über die Temperatur des Ofeninneren, wenn die Abbildungsvorschrift (Eichkurve) bekannt ist. Dabei ist die Spannung der Signalträger, ihre Amplitude der Informationsparameter, während die Temperatur des Ofens die signalisierte Größe darstellt.

Beispiel 2: Die Farbe der Lichtquelle einer Verkehrsampel übermittelt den Verkehrsteilnehmern Informationen über die freigegebenen Verkehrswege. Dabei ist die Lichtstrahlung Signalträger und als Informationsparameter dient die Frequenz (Farbblinde orientieren sich nach der geometrischen Anordnung der Signalfelder; für sie ist die Lichtstrahlung Signalträger, aber Informationsparameter die Lage der Lichtquelle).

1.2. Determinierte Signale

Wegen der Mannigfaltigkeit determinierter Signale erhebt sich die Frage nach den einfachsten und wichtigsten determinierten Signalen, was die Realisierung und Anwendung betrifft. Im Rahmen der Behandlung des Regelkreises werden hier der Einheitsimpuls, die Sprungfunktion und die Sinusfunktion betrachtet.

1.2.1. Einheitsimpuls

Oft wirkt auf ein System, speziell auf einen Regelkreis ein Signal $x_\varepsilon(t)$, das nur während der sehr kurzen Zeit ε den Wert $\frac{1}{\varepsilon}$ annimmt, sonst aber verschwindet.

$$x_\varepsilon(t) = \begin{cases} 0 & \text{für } t < 0 \\ \frac{1}{\varepsilon} & \text{für } 0 < t < \varepsilon \\ 0 & \text{für } t > \varepsilon. \end{cases} \qquad (1.1)$$

Für $x_\varepsilon(t)$ gilt

$$\int_0^t x_\varepsilon(\tau)\,\mathrm{d}\tau = 1 \quad \text{für} \quad t > \varepsilon. \qquad (1.2)$$

Um den in seiner Größe nicht festgelegten variablen Parameter ε aus Gl. 1.1 zu entfernen, wird der Grenzübergang $\varepsilon \to 0$ vollzogen. Dann entsteht eine „Funktion", die mit $\delta(t)$ bezeichnet wird. Sie ist für $t \neq 0$ gleich Null, in $t = 0$ unendlich groß und besitzt die zusätzliche Eigenschaft

$$\int_{-\infty}^{t} \delta(\tau)\,\mathrm{d}\tau = \int_{0}^{t} \delta(\tau)\,\mathrm{d}\tau = 1 \quad \text{für} \quad t > 0. \tag{1.3}$$

Eine solche Einwirkung ist keine Funktion im Sinne der klassischen Analysis.

Für eine solche Funktion folgt nämlich aus

$$\int_{0}^{t} f(\tau)\,\mathrm{d}\tau = c \tag{1.4}$$

durch Differentation nach t

$$f(t) = 0$$

und damit

$$c = 0.$$

Die Impulsfunktion $\delta(t)$ wird auch als DIRACsche Deltafunktion bezeichnet. Sie ist das mathematische Äquivalent für eine physikalische Einwirkung, die z. B. in einem mechanischen Stoß, einem Strom- oder einem Spannungsstoß besteht. Die Impulsfunktion $\delta(t)$ läßt sich auch als Massenbelegung der t-Achse interpretieren, bei der im Punkt $t = 0$ die Masse Eins konzentriert ist, während alle anderen Punkte von Masse frei sind. (Beim Rechnen mit der δ-Funktion im Bereich der klassischen Analysis ist große Vorsicht geboten. Die Begründung für das Arbeiten mit der Impulsfunktion gibt die Theorie der Distributionen [2], auf die hier nicht eingegangen werden kann.)

Angegeben wird nun eine wichtige Formel, die das Rechnen mit δ im Bereich der gewöhnlichen Funktionen ermöglicht:

$$\int_{-\infty}^{+\infty} f(t)\,\delta(t - t_0)\,\mathrm{d}t = f(t_0). \tag{1.5}$$

Von der Funktion $f(t)$ wird nur gefordert, daß sie in $t = t_0$ stetig ist. Die Impulsfunktion hat also die Eigenschaft, daß sie den anderen Faktor des Integranden an der Stelle t_0 aus dem Integral gewissermaßen „heraushebt“.

Die Gleichung (1.5) wird nun zur Berechnung des Spektrums und der LAPLACE-Transformierten von $\delta(t)$ benutzt.

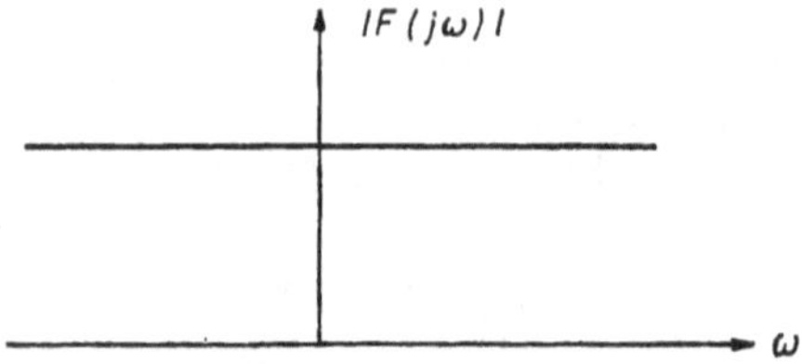

Abb. 1.2. Spektrum des δ-Impulses

Für das Spektrum des δ-Impulses gilt

$$f(y) = \int_{-\infty}^{+\infty} F(t)\, e^{-jyt}\, dt, \tag{1.6}$$

$$F(j\omega) = \int_{-\infty}^{-\infty} \delta(t)\, e^{-j\omega t}\, dt = e^{-j\omega t}\Big|_{t=0} = 1. \tag{1.7}$$

Der δ-Impuls besitzt also nach Abb. 1.2 ein über das gesamte Frequenzband $-\infty < \omega < +\infty$ gleichmäßiges Spektrum der Amplitude Eins (aber eben nur für die sehr kurze Zeit seiner Existenz).

Die LAPLACE-Transformierte von $\delta(t)$ und $\delta(t - t_0)$ wird gleichfalls unter Benutzung der Gleichung (1.5) gewonnen, da

$$L\{\delta(t)\} = \int_0^{\infty} e^{-pt}\, \delta(t)\, dt = 1 \tag{1.8}$$

und

$$L\{\delta(t - t_0)\} = \int_0^{\infty} e^{-pt}\, \delta(t - t_0)\, dt = e^{-pt_0}; \quad t_0 > 0. \tag{1.9}$$

In diesem Sinne werden die Funktionen 1 und e^{-pt_0} zu LAPLACE-Transformierten, was sie in der gewöhnlichen Analysis nicht sind.

Die in der Gleichung (1.1) definierte Funktion $x_\varepsilon(t)$ kann als Differenzenquotient geschrieben werden,

$$x_\varepsilon(t) = \frac{\mathbf{1}(t) - \mathbf{1}(t-\varepsilon)}{\varepsilon},$$

wobei $\mathbf{1}(t)$ und $\mathbf{1}(t-\varepsilon)$ Sprungfunktionen bedeuten. Formal läßt sich also $\delta(t)$ als Ableitung des Einheitssprunges auffassen, weil die Ableitung in allen Punkten $t \neq 0$ verschwindet und in $t = 0$ unendlich wird. (Im klassischen Sinne ist $\mathbf{1}(t)$ in $t = 0$ natürlich nicht differenzierbar.)

1.2.2. Sprungförmiges Signal

Unter einem sprungförmigen Signal $e(t)$ wird eine Größe, z. B. eine Spannung, verstanden, die vom Wert Null auf einen festen Wert A springt (Abb. 1.3):

$$e(t) = \begin{cases} 0 & \text{für } t < 0 \\ A & \text{für } t > 0. \end{cases}$$

Für das Einheitssprungsignal $\mathbf{1}(t)$ (Abb. 1.4) gilt speziell

$$\mathbf{1}(t) = \begin{cases} 0 & \text{für } t < 0 \\ 1 & \text{für } t > 0. \end{cases}$$

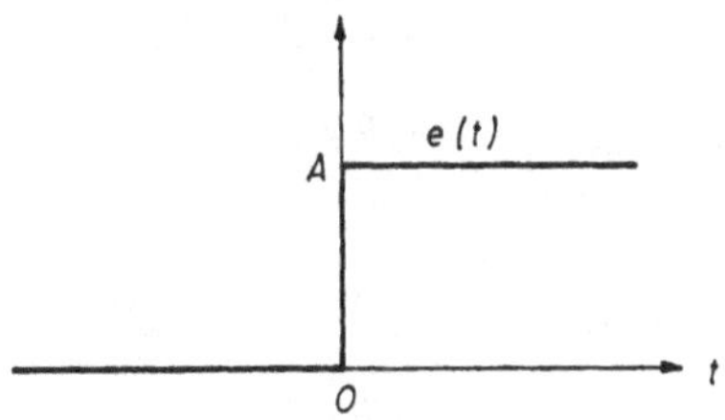

Abb. 1.3. Sprungförmiges Signal

Offenbar kann jedes sprungförmige Signal in folgender Form geschrieben werden:

$$e(t) = A\mathbf{1}(t).$$

Sprungförmige Signale werden sowohl bei theoretischen als auch experimentellen Untersuchungen sehr häufig benutzt, zumal sie bei den letzteren leicht und genau realisierbar sind.

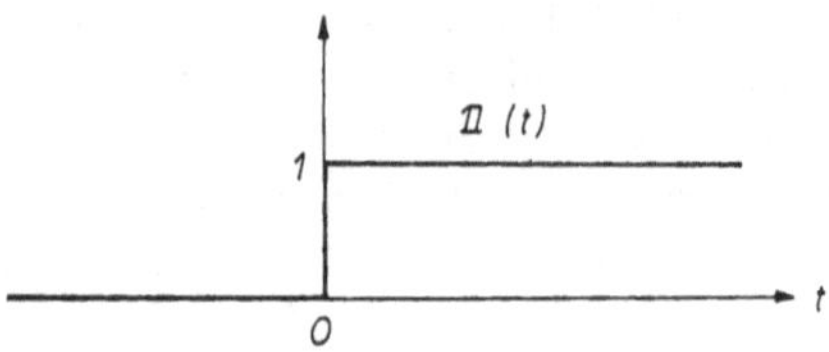

Abb. 1.4. Einheitssprungsignal

1.2.3. *Periodisches Signal (sinusförmiges Signal)*

Ein periodisches Signal läßt sich bekanntlich als Summe periodischer Komponenten in Form einer FOURIER-Reihe darstellen. Ist die Funktion $f(t)$ in einem Zeitintervall $t_1 \leqq t \leqq t_2$ gegeben und wiederholt sie sich mit der Periode

$$T = \frac{2\pi}{\omega} = t_2 - t_1,$$

so kann die trigonometrische Form der FOURIER-Reihe wie folgt geschrieben werden:

$$f(t) = \frac{a_0}{2} + \sum_{n=1}^{\infty} (a_n \cos n\,\omega t + b_n \sin n\omega t) \; (n = 1,2,3,\ldots),$$

wobei die Amplituden der Cosinus- und Sinusglieder

durch die Ausdrücke

$$a_n = \frac{2}{T} \int_{t_1}^{t_2} f(t) \cos n\,\omega t \, \mathrm{d}t,$$

$$b_n = \frac{2}{T} \int_{t_1}^{t_2} f(t) \sin n\,\omega t \, \mathrm{d}t,$$

$$\frac{a_0}{2} = \frac{1}{T} \int_{t_1}^{t_2} f(t) \, \mathrm{d}t$$

bestimmt werden.

Die Amplitude A_n und die Phase φ der n-ten Harmonischen sind

$$A_n = \sqrt{a_n^2 + b_n^2},$$

$$a_n = A_n \cos \varphi_n; \quad b_n = A_n \sin \varphi_n; \; \varphi_n = \arctan \frac{b_n}{a_n}.$$

Mit den Beziehungen

$$\cos x = \frac{1}{2} (\mathrm{e}^{jx} + \mathrm{e}^{-jx}); \quad \sin x = \frac{1}{2j} (\mathrm{e}^{jx} - \mathrm{e}^{-jx})$$

ergibt sich die komplexe Form der FOURIER-Reihe

$$f(t) = \frac{a_0}{2} + \frac{1}{2} \sum_{n=1}^{\infty} (\bar{A}_n \, \mathrm{e}^{j\omega t} + \bar{A}_{-n} \, \mathrm{e}^{-j\omega t}),$$

wobei $\bar{A}_n$ und $\bar{A}_{-n}$ konjugiert komplexe Amplituden sind und

$$\bar{A}_n = A_n \mathrm{e}^{-j\varphi_n} = a_n - j b_n,$$

$$\bar{A}_{-n} = A_{-n} \, \mathrm{e}^{-j\varphi_{-n}} = a_n + j b_n = A_n \, \mathrm{e}^{j\varphi_n}$$

und

$$A_n = A_{-n}; \; \varphi_n = -\varphi_{-n}$$

gilt; damit wird

$$f(t) = \frac{1}{2} \sum_{n=-\infty}^{+\infty} \bar{A}_n \, e^{jn\omega t},$$

$$\bar{A}_n = \frac{2}{T} \int_{t_1}^{t_2} f(t) \, e^{-jn\omega t} \, dt.$$

Hier wird nur der Fall betrachtet, daß

$$a_1 \neq 0 \quad \text{und} \quad b_1 \neq 0$$

ist. Damit bleibt ein sich sinusförmig änderndes Signal übrig. Sinusförmige Signale sind nicht nur in der Regelungstechnik, sondern seit langem auch in der Nachrichtentechnik vor allem als Testsignale wichtig. Überdies lassen sie sich verhältnismäßig leicht und mit guter Genauigkeit experimentell darstellen.

2. Übertragungsglied

Bisher war nur vom Signal als solchem die Rede. Offenbar ist nun ein Signal sowohl dadurch charakterisiert, daß es erzeugt wird, als auch dadurch, daß es weitergeleitet, aufgenommen und verarbeitet wird. Die Weiterleitung der Signale wird symbolisch durch Signalleitungen dar-

Abb. 2.1. Signalleitung

gestellt, an denen ein vereinbartes Zeichen für den Informationsparameter des weiterzuleitenden Signals vermerkt wird (z. B. Temperatur, Spannungsamplitude). Die Richtung der beabsichtigten Signalübertragung wird durch einen Pfeil an der Signalleitung (Abb. 2.1) angegeben.

Eine Einrichtung, die aus Signalen (Eingangssignalen) andere Signale (Ausgangssignale) dadurch bildet, daß die Informationsparameter der Eingangssignale die Parameter weiterer physikalischer Größen nach einer gegebenen Vorschrift wertmäßig beeinflussen, heißt Übertragungsglied. Die letzteren Größen werden dann zu Signalträgern, die beeinflußten Parameter zu Informationsparametern der Ausgangssignale des Übertragungsgliedes. Ein Übertragungsglied ist nur zwischen zwei solchen Punkten des Signalflußweges definiert, bei denen

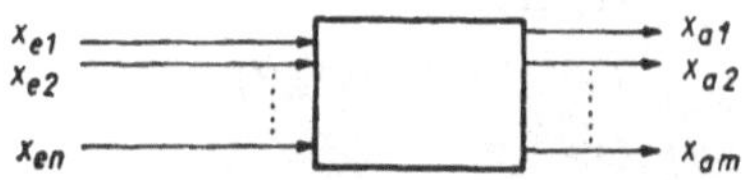

Abb. 2.2. Übertragungsglied

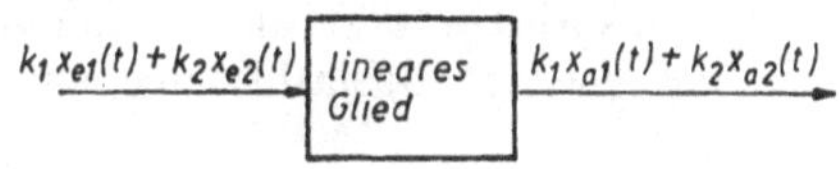

Abb. 2.3. Zum Superpositionsprinzip

Rückwirkungsfreiheit herrscht. Die Bildung von Ausgangssignalen aus Eingangssignalen in Übertragungssignale wird Signalverarbeitung genannt.

Die Übertragungsglieder werden symbolisch durch Blöcke dargestellt, in die die Informationsparameter der Eingangssignale $x_{e1}, x_{e2}, \ldots, x_{en}$ eintreten und aus denen die Informationsparameter der Ausgangssignale $x_{a1}, \ldots, x_{am}$ austreten, wie dies Abb. 2.2 erkennen läßt.

Nun erhebt sich die Frage, wie die Eingangssignale $x_{e1}, \ldots, x_{en}$ beim Durchlaufen des Übertragungsgliedes verändert werden und wie die Ausgangssignale beschaffen sind.

Damit sich die Behandlung der Übertragungsglieder und des Regelkreises einfach gestaltet, wird vorausgesetzt, daß diese die Eigenschaft der Linearität besitzen und daß in den zu ihrer Beschreibung erforderlichen Gleichungen nur konstante Koeffizienten auftreten.

2.1. Lineares Übertragungsglied

Ein physikalisches Übertragungsglied heißt linear, wenn das Superpositionsprinzip (Überlagerungsprinzip) gilt. Sind nämlich $x_{e1}(t)$ und $x_{e2}(t)$ zwei verschiedene Eingangsgrößen am gleichen Übertragungsglied und $x_{a1}(t)$ und $x_{a2}(t)$ die ihnen entsprechenden Ausgangsgrößen, so wird für ein lineares Übertragungsglied gefordert, daß es auf eine Eingangsgröße

$$k_1 x_{e1}(t) + k_2 x_{e2}(t)$$

mit der Ausgangsgröße

$$k_1 x_{a1}(t) + k_2 x_{a2}(t)$$

antwortet (Abb. 2.3).
Das Superpositionsprinzip sagt also aus, daß mehrere Signale ohne gegenseitige Beeinflussung einander überlagert werden dürfen.

Linear sind speziell alle Übertragungsglieder, die durch gewöhnliche lineare Differentialgleichungen mit konstanten Koeffizienten beschrieben werden können.

Aus den folgenden Gründen sind lineare Übertragungsglieder verhältnismäßig einfach zu behandeln:

1. Jede spezielle Eingangsgröße läßt sich als Superposition bestimmter sinusförmiger Elementarvorgänge ansehen (FOURIER-Zerlegung). Die Wirkung am Ausgang des Übertragungsgliedes wird als Superposition der Wirkung aller Elementarerregungen gewonnen.
2. Bei experimentellen Untersuchungen kann man sich auf eine geeignet gewählte Testfunktion zur Erregung des Übertragungsgliedes beschränken, um die zur Beurteilung des Übertragungsgliedes erforderlichen Daten zu ermitteln.

Bei der Definition der Linearität ist zu berücksichtigen, daß es genau genommen gar keine linearen physikalischen Übertragungsglieder gibt. Wird ein Übertragungsglied als linear vorausgesetzt, so handelt es sich immer um eine mehr oder minder starke Idealisierung, die nur in gewissen Bereichen zulässig ist. Viele Übertragungs-

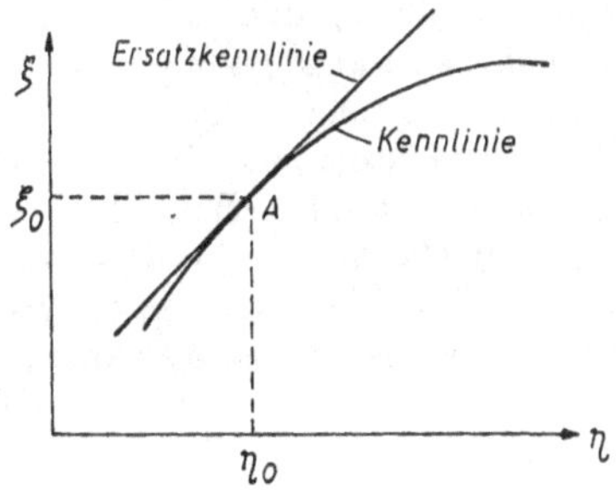

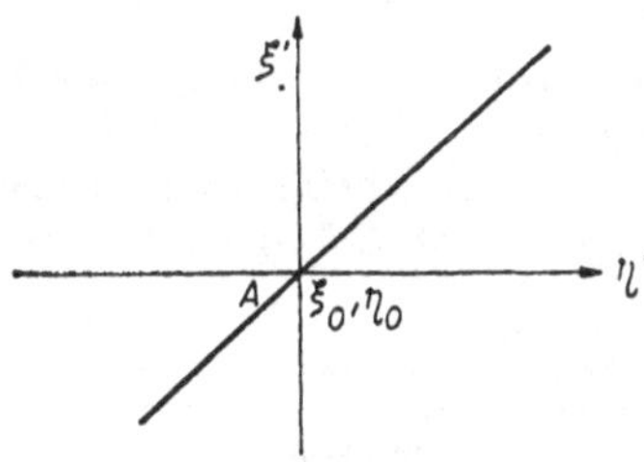

Abb. 2.4. a, b) Linearisierung

glieder, die im Rahmen einer Regelung verwendet werden, sind aber mit guter Näherung als linear anzusehen.

Für ein Übertragungsglied mit „schwach" nichtlinearem Verhalten läßt sich die nichtlineare statische Kennlinie durch eine lineare ersetzen. Dabei kann die lineare Näherung je nach den vorliegenden Verhältnissen für einen gewissen Bereich der Kennlinie (Abb. 2.4a), d. h. für die Umgebung des gewählten Arbeitspunktes A, auf der Kennlinie erfolgen.

Nach Entwicklung der Kennlinie (Abb. 2.4b) im Arbeitspunkt A in eine TAYLOR-Reihe werden alle höheren Glieder außer dem linearen verworfen. Der Bereich, in dem die Linearisierung zulässig ist, bedarf also jeweils einer Vereinbarung.

Ferner wird im folgenden nur der Fall berücksichtigt, daß *eine* Eingangsgröße x_e und *eine* Ausgangsgröße x_a vorhanden ist, wobei x_e und x_a ganz verschiedene Charaktere, also verschiedene Dimensionen, besitzen können (z. B. x_e die eines Druckes, x_a die einer Länge).

Nach diesen vorbereitenden Bemerkungen wird nun betrachtet, welchen Charakter die Eingangsgröße $x_e(t)$ nach Durchlaufen des Übertragungsgliedes an seinem Ausgang erhält, wo sie als Ausgangsgröße x_a erscheint.

2.2. Übertragungsglied – Gewichtsfunktion

Ein δ-Impuls wirkt auf ein vorgegebenes Übertragungsglied als Erregung ein. Die Antwort des Übertragungsgliedes auf dieses Signal heißt Impulsantwort oder Gewichtsfunktion $g(t)$ (Abb. 2.5). Offenbar ist $g(t) = 0$ für

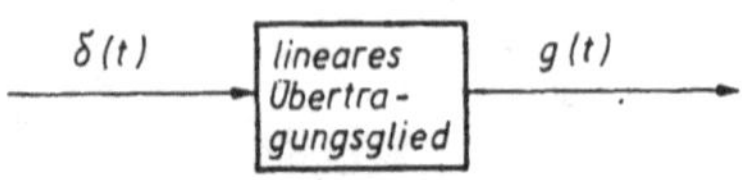

Abb. 2.5. Lineares Übertragungsglied mit Impulseingang $\delta(t)$

$t < 0$, da die Wirkung nicht vor der Ursache beginnen kann. Die Funktion $g(t)$ beschreibt das Übertragungsverhalten des Gliedes vollständig. Bei bekanntem $g(t)$ ist die Antwort des Systems auf eine beliebige zeitliche Erregung berechenbar.

Jede solche Erregung $x_e(t)$ läßt sich nämlich als Faltungsintegral, d. h. als Überlagerung von δ-Impulsen, darstellen:

$$x_e(t) = \int_0^t x_e(\tau)\,\delta(t-\tau)\,d\tau. \tag{2.1}$$

Da für lineare Übertragungsglieder das Superpositionsprinzip gilt, besitzt die Antwort die Gestalt

$$x_a(t) = \int_0^t x_e(\tau)\, g(t-\tau)\, \mathrm{d}\tau \tag{2.2}$$

bzw. wegen der Kommutativität der Faltungsoperation

$$x_a(t) = \int_0^t g(\tau)\, x_e(t-\tau)\, \mathrm{d}\tau \tag{2.3}$$

oder

$$x_a(t) = g(t) * x_e(t). \tag{2.4}$$

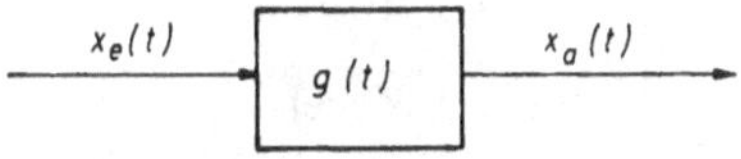

Abb. 2.6. Lineares Übertragungsglied und Gewichtsfunktion

Damit läßt sich ein lineares Glied auch in der in Abb. 2.6 gezeigten Form darstellen.

2.3. *Übertragungsglied — Übergangsfunktion*

Wird ein lineares Übertragungsglied mit der Gewichtsfunktion $g(t)$ durch die Eingangsgröße $x_e(t) = \mathbf{1}(t)$, d. h. durch den Einheitssprung erregt, so ergibt sich die Übergangsfunktion nach der Beziehung

$$h(t) = \int_0^t \mathbf{1}(t-\tau)\, g(\tau)\, \mathrm{d}\tau. \tag{2.5}$$

Daher gilt

$$h(t) = \int_0^t g(\tau)\, \mathrm{d}\tau. \tag{2.6}$$

Nun wird der Fall betrachtet, daß $g(t)$ die folgende Gestalt besitzt:

$$g(t) = g_0(t) + c\delta(t). \tag{2.7}$$

Damit folgt aus Gleichung (2.6)

$$h(t) = \int_0^t \big(g_0(\tau) + c\delta(\tau)\big)\,\mathrm{d}\tau$$

$$= \int_0^t g_0(\tau)\,\mathrm{d}\tau + c\int_0^t \delta(\tau)\,\mathrm{d}\tau$$

$$= \int_0^t g_0(\tau)\,\mathrm{d}\tau + c\,.$$

Geht $t \to +0$, so folgt

$$h(+0) = c\,.$$

Durch Differentiation ergibt sich

$$g_0(t) = \frac{\mathrm{d}h(t)}{\mathrm{d}t}\,.$$

Für $t > 0$ ist $g_0(t) = g(t)$. Also gilt

$$g(t) = \frac{\mathrm{d}h(t)}{\mathrm{d}t} \quad \text{für } t > 0\,. \tag{2.8}$$

Die Gewichtsfunktion ist daher die zeitliche Ableitung der Übergangsfunktion, d. h. der Antwort des Übertragungsgliedes auf einen Einheitssprung.

Ferner wird eine wichtige Beziehung abgeleitet, die die Berechnung der Antwort des Übertragungsgliedes auf eine beliebige Erregung gestattet, wenn die Übergangsfunktion bekannt ist.

Ausgegangen wird von der Gleichung (2.4):

$$x_a(t) = g(t) * x_e(t) = \int_0^t g(\tau)\,x_e(t-\tau)\,\mathrm{d}\tau\,.$$

Im allgemeinen Falle ergibt sich mit

$$g(t) = g_0(t) + c\delta(t)$$

aus den Gleichungen (2.4), (2.5) und (2.6)

$$x_a(t) = \left[\frac{\mathrm{d}}{\mathrm{d}t} h(t) + h(+0)\,\delta(t)\right] * x_e(t)$$

$$= \int_0^t \frac{\mathrm{d}}{\mathrm{d}t} h(t-\tau)\,x_e(\tau)\,\mathrm{d}\tau + h(+0)\int_0^t \delta(t-\tau)\,x_e(\tau)\,\mathrm{d}\tau, \tag{2.9}$$

$$x_a(t) = \int_0^t \frac{\mathrm{d}}{\mathrm{d}t} h(t-\tau)\,x_e(\tau)\,\mathrm{d}\tau + h(+0)\,x_e(t). \tag{2.10}$$

Für die Differentiation eines Integrals nach einer Veränderlichen, die in der oberen Grenze und im Integranden vorkommt, gilt die Regel

$$\frac{\mathrm{d}}{\mathrm{d}t}\int_0^t f(t-\tau)\,\mathrm{d}\tau = f(t,t) + \int_0^t \frac{\partial}{\partial t} f(t,\tau)\,\mathrm{d}\tau. \tag{2.11}$$

Mit

$$f(t,\tau) = h(t-\tau)\,x_e(\tau)$$

folgt nach Gleichung (2.11) aus Gleichung (2.10)

$$x_a(\tau) = \frac{\mathrm{d}}{\mathrm{d}t}\int_0^t h(t-\tau)\,x_e(\tau)\,\mathrm{d}\tau. \tag{2.12}$$

Das ist die DUHAMELsche Formel, die auch im Falle $m < n$ gilt, wobei $h(+0) = c$ gleich Null ist.

Die Antwort eines linearen Gliedes auf eine beliebige Erregung läßt sich berechnen, wenn die Übergangsfunktion $h(t)$ bekannt ist. Die Erregung wird dabei durch eine Summe von sprungförmigen Erregungen approximiert.

In bezug auf die Bezeichnungsweise sei bemerkt, daß nur die Antwort auf die Einheitssprungfunktion den Namen Übergangsfunktion trägt. Die Antwort auf eine Sprungerregung mit einer Amplitude ungleich Eins wird als Sprungantwort bezeichnet.

Beispiel: Gegeben sei die Differentialgleichung

$$T\frac{\mathrm{d}x_a}{\mathrm{d}t} + x_a = x_e.$$

Für die Übergangsfunktion $h(t)$ ergibt sich

$$h(t) = \left(1 - \mathrm{e}^{-\frac{t}{T}}\right)$$

und für die Gewichtsfunktion nach (2.8)

$$g(t) = \frac{\mathrm{d}h(t)}{\mathrm{d}t} = \frac{1}{T}\,\mathrm{e}^{-\frac{t}{T}}.$$

Nun soll noch $x_a(t)$ ermittelt werden, wenn $x_e(t)$ nach einer Rampenfunktion verläuft, d. h.

$$x_e(t) = \begin{cases} 0 \text{ für } t < 0 \\ \varrho t \text{ für } t \geqq 0. \end{cases}$$

Unter Benutzung von

$$x_a = \int_0^t x_e(\tau)\, g(t-\tau)\,\mathrm{d}\tau$$

wird

$$x_a = \int_0^t \varrho\tau\frac{1}{T}\,\mathrm{e}^{-\frac{t-\tau}{T}}\,\mathrm{d}\tau = \frac{\varrho}{T}\,\mathrm{e}^{-\frac{t}{T}}\int_0^t \tau\mathrm{e}^{\frac{\tau}{T}}\,\mathrm{d}\tau.$$

Durch partielle Integration ergibt sich

$$x_a = \frac{\varrho}{T}\,\mathrm{e}^{-\frac{t}{T}}\left[T\tau\mathrm{e}^{\frac{\tau}{T}} - T^2\mathrm{e}^{\frac{\tau}{T}}\right]_0^t$$

$$= \frac{\varrho}{T}\,\mathrm{e}^{-\frac{t}{T}}\left(Tt\mathrm{e}^{\frac{t}{T}} - T^2\mathrm{e}^{\frac{t}{T}} + T^2\right)$$

$$= \varrho\left(t - T + T\mathrm{e}^{-\frac{t}{T}}\right).$$

2.4. *Übertragungsglied – Frequenzgang*

Wird das Übertragungsglied durch eine sich sinusförmig ändernde Eingangsgröße x_e erregt, so gilt

$$x_e = X_e \cos \omega t$$

bzw.

$$x_e = X_e \, e^{j\omega t} .$$

Nach Durchlaufen des linearen Gliedes stellt sich im eingeschwungenen Zustand eine sinusförmige Ausgangsgröße der Gestalt

$$x_a = X_a \cos (\omega t + \varphi)$$

ein bzw.

$$x_a = X_a e^{j(\omega t + \varphi)} .$$

Ein stationäres sinusförmig verlaufendes Eingangssignal erzeugt also als einziges ein entsprechend verlaufendes Ausgangssignal. Durch die sinusförmige Erregung werden am Ausgang des linearen Gliedes lediglich die Amplitude und die Phase geändert. Auf dieser Eigenschaft beruht die große Bedeutung der Frequenzgangmethoden. Ein Frequenzgang wird erhalten, wenn bei einer hinreichend großen Zahl von Frequenzen die Wirkung der Eingangsgröße Frequenz auf die Amplitude und Phase der gleichen Frequenz am Ausgang ermittelt wird. Aus den gefundenen Werten wird dann die Frequenzabhängigkeit des linearen Gliedes, eben sein Frequenzgang, konstruiert.

3. Übertragungsfunktion

Bisher wurde auf die wichtigsten Eingangssignale eingegangen, die am Ausgang des vorgegebenen linearen Übertragungsgliedes ein Ausgangssignal erzeugten. Über die Art der Ausgangssignale ließen sich einige allgemeine Aussagen machen. Um aber weiterzukommen, muß nun auf das Übertragungsglied zwischen Eingang und Ausgang genauer eingegangen werden. Ziel ist die mathematische Beschreibung dieses Übertragungsgliedes. Dazu wird die dem Glied zugeordnete Differentialgleichung ermittelt. Da hier nur lineare oder doch zumindest linearisierte Glieder mit konzentrierten Parametern berücksichtigt werden können, reichen gewöhnliche lineare Differentialgleichungen mit konstanten Koeffizienten zur Behandlung aus. Dabei sollen die Vereinfachungen ausgenutzt werden, die die Verwendung der LAPLACE-Transformation bietet. Daher wird nun der Begriff der Übertragungsfunktion eingeführt, durch den die Eigenschaften des linearen Gliedes vollständig bestimmt sind.

3.1. Übertragungsfunktion allgemein

Das betrachtete Glied (Abb. 3.1) wird durch eine lineare Differentialgleichung mit konstanten Koeffizienten beschrieben.

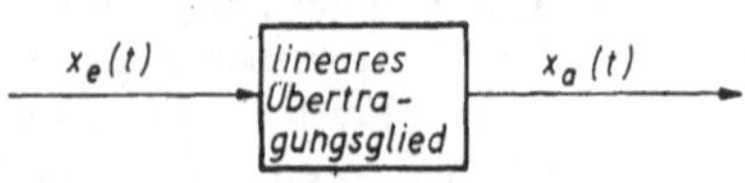

Abb. 3.1. Lineares Übertragungsglied

$$\begin{aligned} A_0 \frac{\mathrm{d}^n x_a(t)}{\mathrm{d}t^n} + A_1 \frac{\mathrm{d}^{n-1} x_a(t)}{\mathrm{d}t^{n-1}} + \cdots + A_n x_a(t) \\ = B_0 \frac{\mathrm{d}^m x_e(t)}{\mathrm{d}t^m} + B_1 \frac{\mathrm{d}^{m-1} x_e(t)}{\mathrm{d}t^{m-1}} + \cdots + B_m x_e(t). \end{aligned} \tag{3.1}$$

Unter der Voraussetzung, daß die höchsten Ableitungen

$$\frac{\mathrm{d}^n x_a(t)}{\mathrm{d}t^n} \quad \text{und} \quad \frac{\mathrm{d}^m x_e(t)}{\mathrm{d}t^m}$$

LAPLACE-Transformierte besitzen, läßt sich die Differentialgleichung in den Unterbereich der LAPLACE-Transformation übersetzen.

Mit den Bezeichnungen

$$L\{x_a(t)\} = X_a(p),$$
$$L\{x_e(t)\} = X_e(p)$$

folgt, wenn die Transformationsformeln für die Ableitungen einer Funktion angewendet werden

$$A_0\,[p^n X_a(p) - p^{n-1}\,x_a(+0) - \cdots - x_a^{(n-1)}\,(+0)] + \cdots$$
$$+ A_n X_a(p)$$
$$= B_0\,[p^m\,X_e(p) - p^{m-1}\,x_e(+0) - \cdots - x_e^{(m-1)}(+0)] + \cdots$$
$$+ B_m X_e\,(p). \qquad (3.2)$$

Wird die Gleichung (3.2) umgeordnet und nach $X_a(p)$ aufgelöst, so ergibt sich

$$X_a(p) = \frac{B_0 p^m + B_1 p^{m-1} + \cdots + B_m}{A_0 p^n + A_1 p^{n-1} + \cdots + A_n}\,X_e(p)$$
$$+ \frac{[A_0 p^{n-1} + \cdots + A_{n-1}]\,x_a(+0) + \cdots + A_0 x_a^{(n-1)}\,(+0)}{A_0 p^n + A_1 p^{n-1} + \cdots + A_n}$$
$$- \frac{[B_0 p^{m-1} + \cdots + B_{m-1}]\,x_e(+0) + \cdots + B_0 x_e^{(m-1)}\,(+0)}{A_0 p^n + A_1 p^{n-1} + \cdots + A_n}. \qquad (3.3)$$

Sind alle Anfangsbedingungen gleich Null, also

$$x_a(+0) = \dot{x}_a(+0) = \cdots = x_a^{(n-1)}\,(+0) = 0,$$
$$x_e(+0) = \dot{x}_e(+0) = \cdots = x_e^{(m-1)}\,(+0) = 0,$$

dann bleibt nur der erste Summand übrig, und es gilt

$$X_a(p) = \frac{B_0 p^m + B_1 p^{m-1} + \cdots + B_m}{A_0 p^n + A_1 p^{n-1} + \cdots + A_n}\,X_e(p). \qquad (3.4)$$

Die Funktion

$$G(p) = \frac{X_a(p)}{X_e(p)} = \frac{B_0 p^m + B_1 p^{m-1} + \cdots + B_m}{A_0 p^n + A_1 p^{n-1} + \cdots + A_n} \qquad (3.5)$$

heißt Übertragungsfunktion des vorgegebenen linearen Systems.

Die Übertragungsfunktion $G(p)$ ist der Quotient der LAPLACE-Transformierten der Ausgangsgröße und der Eingangsgröße des Übertragungsgliedes, wenn die Anfangsbedingungen null sind.

$G(p) = \dfrac{X_a(p)}{X_e(p)}$ ist von der speziellen Gestalt der Funktionen $x_a(t)$ und $x_e(t)$ unabhängig. Die Übertragungsfunktion ist nur für lineare Glieder mit konstanten Parametern erklärt.

Die dynamischen Eigenschaften eines Übertragungsgliedes sind durch seine Übertragungsfunktion in eindeutiger Weise bestimmt. Wirkt nämlich auf das Übertragungsglied eine Eingangsgröße beliebiger Gestalt ein und sind die Anfangswerte der Eingangs- und Ausgangsgröße Null, so ergibt sich die LAPLACE-Transformierte der Ausgangsgröße durch Multiplikation der LAPLACE-Transformierten der Eingangsgröße mit $G(p)$:

$$X_a(p) = G(p)\,X_e(p).$$

Die Rücktransformation liefert die Antwort $x_a(t)$ des Übertragungsgliedes im Zeitbereich.

Sind aber die Anfangsbedingungen von Null verschieden, dann ist die Formel

$$X_a(p) = G(p)\,X_e(p) + \frac{[A_0 p^{n-1} + \cdots + A_{n-1}]\,x_a(+0) + \cdots + A_0 x_a^{(n-1)}(+0)}{A_0 p^n + A_1 p^{n-1} + \cdots + A_n} - \frac{[B_0 p^{m-1} + \cdots + B_{m-1}]\,x_e(+0) + \cdots + B_0 x_e^{(m-1)}(+0)}{A_0 p^n + A_1 p^{n-1} + \cdots + A_n}, \tag{3.6}$$

die aus Gleichung (3.3) folgt, anzuwenden. Die Koeffizienten A_i und B_j sind mit $G(p)$ bekannt.

Von den Eigenschaften der Übertragungsfunktionen linearer Übertragungsglieder seien folgende angeführt:

1. Die Übertragungsfunktion $G(p)$ ist eine gebrochen rationale Funktion. Der Grad m des Zählers ist kleiner oder gleich dem Grade n des Nenners.
2. Die Koeffizienten $A_0 \cdots A_n, B_0 \cdots B_m$ sind reell, da die Parameter des Übertragungsgliedes reell sind.
3. Die nichtreellen Nullstellen und Pole der Übertragungsfunktion sind konjugiert komplex.
4. Die Pole der Übertragungsfunktion sind die Wurzeln der charakteristischen Gleichung zur Differentialgleichung des betrachteten Übertragungsgliedes. Übertragungsglieder mit Polen in der rechten Halbebene sind nicht zugelassen, worauf noch eingegangen wird. In der rechten Halbebene ist $G(p)$ analytisch und beschränkt.

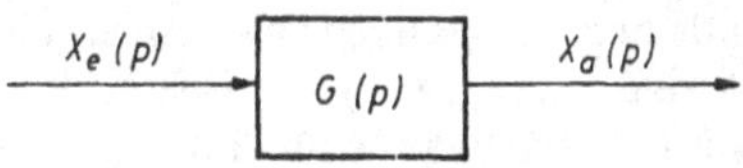

Abb. 3.2. Übertragungsfunktion $G(p)$

Ein lineares Übertragungsglied (Abb. 3.2) läßt sich demnach durch seine Übertragungsfunktion $G(p)$ charakterisieren.

3.2. Spezielle Übertragungsfunktionen

Nun werden einige sehr einfache Übertragungsfunktionen betrachtet, die im Rahmen der Beschreibung eines linearen Regelkreises fast ausschließlich auftreten.

Die Zahl der technischen Übertragungsglieder, die als Bauglieder eines Regelkreises in Frage kommen, ist viel höher als die Zahl der zugehörigen Übertragungsfunktionen.

3.2.1. *Übertragungsglied ohne Zeitabhängigkeit (I)*

Gleichung: $x_a = kx_e$, (3.7)

Übertragungsfunktion: $G(p) = k$. (3.7a)

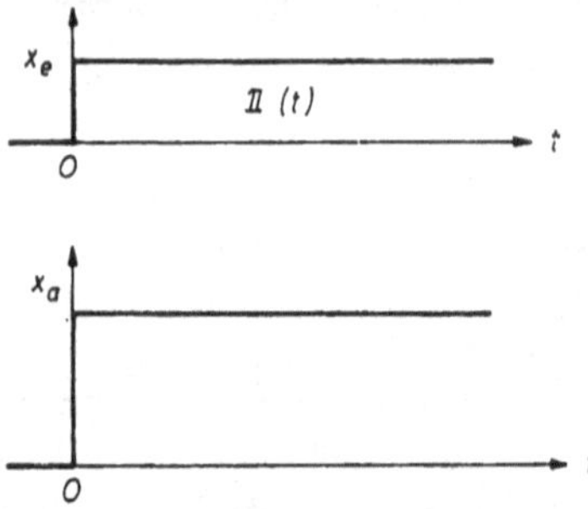

Abb. 3.3. Übertragungsglied ohne zeitliche Verzögerung

Die einfachste Abhängigkeit zwischen der Eingangsgröße x_e und der Ausgangsgröße eines Übertragungsgliedes liegt dann vor, wenn zwischen beiden Größen Proportionalität herrscht (Abb. 3.3). In diesem Falle ist die Ausgangsgröße bis auf einen Proportionalitätsfaktor k, der im allgemeinen dimensionsbehaftet ist, der Eingangsgröße gleich. Ändert sich also z. B. x_e nach einer Sprungfunktion, so ist die Antwort $x_a(t)$ ebenfalls eine Sprungfunktion.

Als Bauglied ohne zeitliche Verzögerung läßt sich mit technischer Genauigkeit ein Hebel ansehen. Auch Elektronenröhren, Transistoren u. a. arbeiten bis zu hohen Frequenzen fast trägheitslos.

3.2.2. *Übertragungsglied mit Verzögerung 1. Ordnung (T_1-Glied) (II)*

Differentialgleichung: $T\,\dfrac{\mathrm{d}x_a}{\mathrm{d}t} + x_a = kx_e$, (3.8)

Übertragungsfunktion: $G(p) = \dfrac{k}{1 + pT}$. (3.8a)

Für zwei Bauglieder, ein elektrisches und ein pneumatisches, wird nun nachgewiesen, daß sie der Gleichung (3.8) gehorchen.

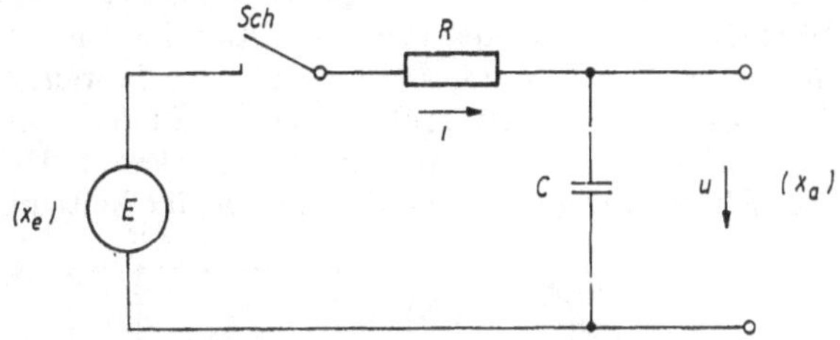

Abb. 3.4 Elektrisches Bauglied mit Verzögerung 1. Ordnung

Beispiel 1: Beim elektrischen Bauglied (Abb. 3.4) wird im Zeitpunkt $t = t_0$ die Spannung E an die Schaltung gelegt. Gesucht wird die Differentialgleichung, die den Übergangsprozeß charakterisiert. Da die Beziehungen

$$i = C\,\frac{\mathrm{d}u}{\mathrm{d}t},$$

$$u = E - Ri$$

gelten, folgt

$$u = E - RC\,\frac{\mathrm{d}u}{\mathrm{d}t}$$

und

$$T\,\frac{\mathrm{d}u}{\mathrm{d}t} + u = E \quad (T = \text{Zeitkonstante}).$$

Mit x_e statt E und x_a statt u nimmt die Gleichung für das Beispiel die Form

$$T\,\frac{\mathrm{d}x_a}{\mathrm{d}t} + x_a = x_e$$

an. (Hier ist also $k = 1$.)

Beispiel 2: Gegeben ist ein pneumatisches Bauglied (Abb. 3.5). Eingangsgröße x_e ist ein Druck. Nach einer sprungförmigen Änderung des Eingangsdruckes x_e bildet sich in der Rohrleitung mit dem summarischen Strömungswiderstand W eine Strömung aus. Dadurch wird Gas in den Behälter mit der Speicherfähigkeit S übergeführt. Der Druck im Behälter stellt nun die Ausgangsgröße x_a dar. Angemerkt sei, daß nur für hinreichend kleine Druckänderungen und isotherme Zustandsänderungen Linearität angenommen werden kann. Unter diesen Einschränkungen gilt, daß die in der Zeiteinheit

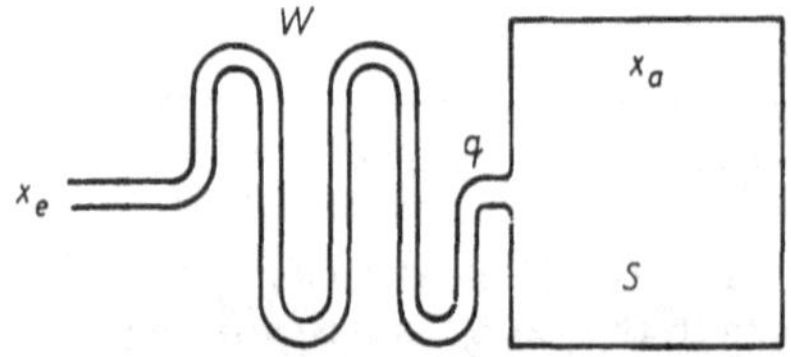

Abb. 3.5. Pneumatisches Bauglied mit Verzögerung 1. Ordnung

in den Behälter einströmende Gasmenge q der Differenz $x_e - x_a$ proportional und dem Strömungswiderstand W umgekehrt proportional ist. Also gilt

$$q = (x_e - x_a)\,\frac{1}{W}.$$

Ferner ändert sich der Druck x_a offenbar um so schneller, je kleiner die Speicherfähigkeit S ist, so daß die Gleichung

$$\frac{\mathrm{d}x_a}{\mathrm{d}t} = \frac{q}{S}$$

gilt. Aus den beiden Beziehungen folgt unmittelbar

$$\frac{\mathrm{d}x_a}{\mathrm{d}t} = \frac{q}{S} = \frac{x_e - x_a}{SW}.$$

Einer Dimensionsbetrachtung ist zu entnehmen, daß das Produkt SW die Dimension einer Zeit besitzt, denn

$$[S] = \mathrm{cm\,s^2};\ [W] = \frac{1}{\mathrm{cm\,s}}.$$

Mit $SW = T$ (Zeitkonstante) wird schließlich

$$SW \frac{\mathrm{d}x_a}{\mathrm{d}t} + x_a = T \frac{\mathrm{d}x_a}{\mathrm{d}t} + x_a = x_e .$$

Als weitere Beispiele seien noch der federbelastete Membrantrieb und das Thermoelement (ohne Schutzrohr) genannt.

Allgemeiner kann die Gleichung (3.8) in der Form

$$T \frac{\mathrm{d}x_a}{\mathrm{d}t} + \mu x_a = k x_e \tag{3.9}$$

geschrieben werden, wobei μ eine von den speziellen Verhältnissen abhängige Konstante ist. Als Lösung der Differentialgleichung (3.8) bzw. (3.9) ergibt sich bekanntlich eine Exponentialfunktion.

Die Übergangsfunktion (Abb. 3.6) lautet ($\mu = 1$)

$$h(t) = \left(1 - \mathrm{e}^{-\frac{t}{T}}\right). \tag{3.10}$$

Dabei sind die Anfangsbedingungen, wie auch im folgenden, gleich Null angenommen. Schließlich sei noch bemerkt, daß ein Übertragungsglied mit der Übergangsfunktion nach (3.10) auch als Übertragungsglied mit Ausgleich bezeichnet wird.

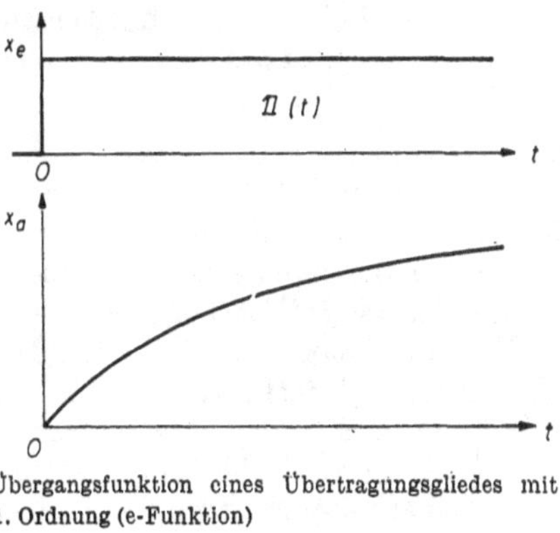

Abb. 3.6. Übergangsfunktion eines Übertragungsgliedes mit Verzögerung 1. Ordnung (e-Funktion)

3.2.3. Übertragungsglied mit Verzögerung 2. Ordnung (T_2-Glied) (III)

Differentialgleichung:

$$T_1 T_2 \frac{\mathrm{d}^2 x_a}{\mathrm{d}t^2} + (T_1 + T_2 + T_{12}) \frac{\mathrm{d}x_a}{\mathrm{d}t} + x_a = k x_e. \quad (3.11)$$

Übertragungsfunktion:

$$G(p) = \frac{k}{T_1 T_2 p^2 + (T_1 + T_2 + T_{12})\, p + 1}. \quad (3.11\,\mathrm{a})$$

Übertragungsglieder, die der Differentialgleichung (3.11) gehorchen, sind nicht zahlreich. Die Gleichung wird aber oft benutzt, um das dynamische Verhalten thermischer

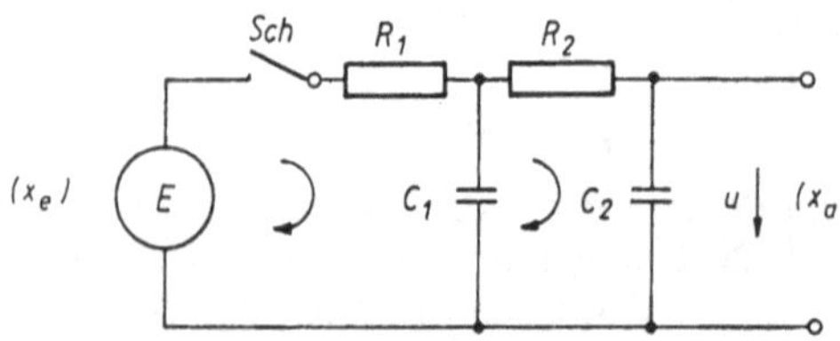

Abb. 3.7. Elektrisches Bauglied mit Verzögerung 2. Ordnung

Glieder anzunähern. Bei den anschließenden Betrachtungen wird kein Elementarbauglied verwendet, sondern ein Kombinationsglied.

Beispiel 1: In Abb. 3.7 liegt eine Hintereinanderschaltung von zwei einfachen RC-Gliedern vor, die aber nicht voneinander unabhängig sind, sondern sich gegenseitig beeinflussen. Außer der Vorwärtseinwirkung des ersten RC-Gliedes auf das zweite ist noch eine Rückwirkung des zweiten Gliedes auf das erste vorhanden. Die Existenz dieser Rückwirkung rechtfertigt die Auffassung, daß die Schaltung als ein einziges Bauglied aufgefaßt wird.

Um die die Schaltung nach Abb. 3.7 beschreibende Differentialgleichung zu erhalten, werden die Kirchhoffschen

Gesetze angewandt.

$$R_1 i_1 + \frac{1}{C_1}\int i_1\,\mathrm{d}t - \frac{1}{C_1}\int i_2\,\mathrm{d}t = E,$$

$$-\frac{1}{C_1}\int i_1\,\mathrm{d}t + R_2 i_2 + \frac{1}{C_1}\int i_2\,\mathrm{d}t + \frac{1}{C_2}\int i_2\,\mathrm{d}t = 0.$$

Beide Beziehungen werden differenziert:

$$R_1\frac{\mathrm{d}i_1}{\mathrm{d}t} + \frac{1}{C_1}\,i_1 - \frac{1}{C_1}\,i_2 = \frac{\mathrm{d}E}{\mathrm{d}t}, \tag{α}$$

$$-\frac{1}{C_1}\,i_1 + R_2\frac{\mathrm{d}i_2}{\mathrm{d}t} + \frac{1}{C_1}\,i_2 + \frac{1}{C_2}\,i_2 = 0. \tag{β}$$

Durch Addition der beiden vorstehenden Gleichungen ergibt sich

$$R_1\frac{\mathrm{d}i_1}{\mathrm{d}t} + R_2\frac{\mathrm{d}i_2}{\mathrm{d}t} + \frac{1}{C_2}\,i_2 = \frac{\mathrm{d}E}{\mathrm{d}t}. \tag{γ}$$

Durch Multiplikation mit $R_1 C_1$ und Differentation nach t geht Gleichung (β) über in

$$-R_1\frac{\mathrm{d}i_1}{\mathrm{d}t} + R_1 R_2 C_1\frac{\mathrm{d}^2 i_2}{\mathrm{d}t^2} + R_1\left(1 + \frac{C_1}{C_2}\right)\frac{\mathrm{d}i_2}{\mathrm{d}t} = 0. \tag{δ}$$

Nach Addition der Gleichungen (γ) und (δ) folgt dann

$$R_1 R_2 C_1\frac{\mathrm{d}^2 i_2}{\mathrm{d}t^2} + R_1\left(1 + \frac{C_1}{C_2}\right)\frac{\mathrm{d}i_2}{\mathrm{d}t} + R_2\frac{\mathrm{d}i_2}{\mathrm{d}t} + \frac{1}{C_2}\,i_2 = \frac{\mathrm{d}E}{\mathrm{d}t}$$

und

$$R_1 R_2 C_1 C_2\frac{\mathrm{d}^2 i_2}{\mathrm{d}t^2} + R_1 C_2\frac{\mathrm{d}i_2}{\mathrm{d}t} + R_1 C_1\frac{\mathrm{d}i_2}{\mathrm{d}t}$$

$$+ R_2 C_2\frac{\mathrm{d}i_2}{\mathrm{d}t} + i_2 = C_2\frac{\mathrm{d}E}{\mathrm{d}t}.$$

Wegen

$$i_2 = C_2\frac{\mathrm{d}u}{\mathrm{d}t} \text{ und } R_1 C_1 = T_1;\ R_2 C_2' = T_2;\ R_1 C_2 = T_{12}$$

ist schließlich

$$T_1 T_2 \frac{\mathrm{d}^2 u}{\mathrm{d}t^2} + (T_1 + T_2 + T_{12}) \frac{\mathrm{d}u}{\mathrm{d}t} + u = E$$

bzw. mit

$$u = x_a \quad \text{und} \quad E = x_e$$

$$T_1 T_2 \frac{\mathrm{d}^2 x_a}{\mathrm{d}t^2} + (T_1 + T_2 + T_{12}) \frac{\mathrm{d}x_a}{\mathrm{d}t} + x_a = x_e. \quad (3.11)$$

Beispiel 2: Betrachtet wird der Fall, daß ein Gas über die Strömungswiderstände W_1 und W_2 in zwei hintereinandergeschaltete Behälter mit der Speicherfähigkeit S_1 und S_2 einströmt und dort einen Druckanstieg erzeugt (Abb. 3.8).

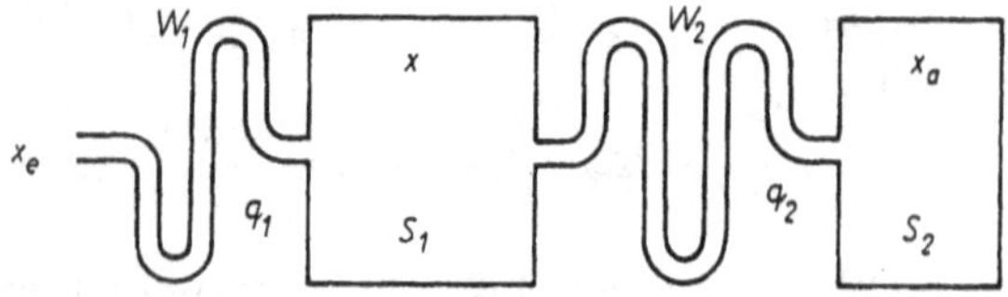

Abb. 3.8. Pneumatisches Bauglied mit Verzögerung 2. Ordnung

Es gelten (approximativ) die Beziehungen

$$\frac{\mathrm{d}x_a}{\mathrm{d}t} = \frac{1}{S_2} q_2,$$

$$\frac{\mathrm{d}x}{\mathrm{d}t} = \frac{1}{S_1} (q_1 - q_2).$$

Entsprechend dem Vorhandensein nur eines Speichers gilt für die Drücke

$$x_e = W_1 q_1 + x,$$

$$x = W_2 q_2 + x_a.$$

Aus den vier Gleichungen werden die Größen q_1, q_2 und x eliminiert, wobei die Beziehung

$$W_1 W_2 S_1 S_2 \frac{\mathrm{d}^2 x_a}{\mathrm{d}t^2} + (W_1 S_1 + W_2 S_2 + W_1 S_2) \frac{\mathrm{d}x_a}{\mathrm{d}t} + x_a = x_e$$

folgt. Mit $T_1 = W_1 S_1$; $T_2 = W_2 S_2$ und $T_{12} = W_1 S_2$ ergibt sich wieder

$$T_1 T_2 \frac{\mathrm{d}^2 x_a}{\mathrm{d}t^2} + (T_1 + T_2 + T_{12}) \frac{\mathrm{d}x_a}{\mathrm{d}t} + x_a = x_e. \quad (3.11)$$

Aus dieser Gleichung ergibt sich die charakteristische Gleichung

$$p^2 + \frac{T_1 + T_2 + T_{12}}{T_1 T_2} p + \frac{1}{T_1 T_2} = 0$$

mit den Wurzeln λ_1 und λ_2,

$$\lambda_1 = -\frac{T_1 + T_2 + T_{12}}{2 T_1 T_2} + \sqrt{\frac{(T_1 + T_2 + T_{12})^2 - 4 T_1 T_2}{4 T_1^2 T_2^2}}$$

$$= -\frac{1}{T_1'}.$$

$$\lambda_2 = -\frac{T_1 + T_2 + T_{12}}{2 T_1 T_2} - \sqrt{\frac{(T_1 + T_2 + T_{12})^2 - 4 T_1 T_2}{4 T_1^2 T_2^2}}$$

$$= -\frac{1}{T_2'},$$

und

$$\frac{1}{T_1'} \cdot \frac{1}{T_2'} = \frac{1}{T_1} \frac{1}{T_2}.$$

Nach Integration der Differentialgleichung wird die Übergangsfunktion $h(t)$ in der Form

$$h(t) = 1 - \frac{T_1'}{T_1' - T_2'} \mathrm{e}^{-\frac{t}{T_1'}} + \frac{T_2'}{T_1' - T_2'} \mathrm{e}^{-\frac{t}{T_2'}} \quad (3.12)$$

erhalten. Den Verlauf von $h(t)$ zeigt Abb. 3.9. Die Aperiodizität der Sprungantwort (speziell der Übergangsfunktion) erklärt sich aus dem immer relativ großen Wert der Summe $(T_1 + T_2 + T_{12})$.

Im Zusammenhang mit den eben behandelten Beispielen erhebt sich die Frage, welche Bedeutung das Glied

$T_{12}\,\frac{\mathrm{d}x_a}{\mathrm{d}t}$ der Gleichung (3.11) besitzt. Wenn nämlich die beiden Übertragungsglieder mit Verzögerung 1. Ord-

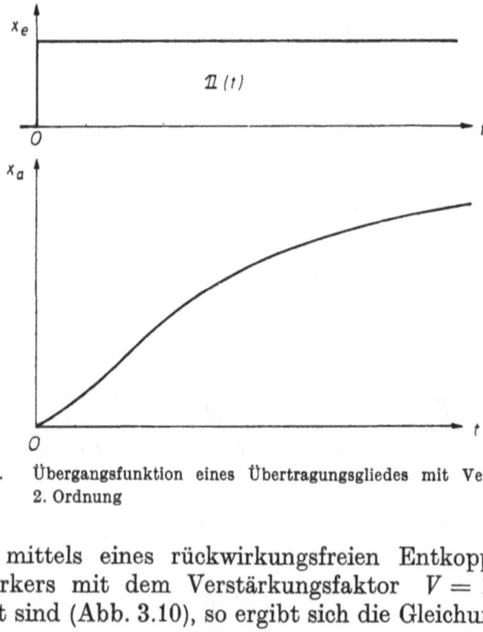

Abb. 3.9. Übergangsfunktion eines Übertragungsgliedes mit Verzögerung 2. Ordnung

nung mittels eines rückwirkungsfreien Entkopplungsverstärkers mit dem Verstärkungsfaktor $V = 1$ verknüpft sind (Abb. 3.10), so ergibt sich die Gleichung

$$T_1 T_2 \frac{\mathrm{d}^2 x_a}{\mathrm{d}t^2} + (T_1 + T_2) \frac{\mathrm{d}x_a}{\mathrm{d}t} + x_a = x_e. \qquad (3.13)$$

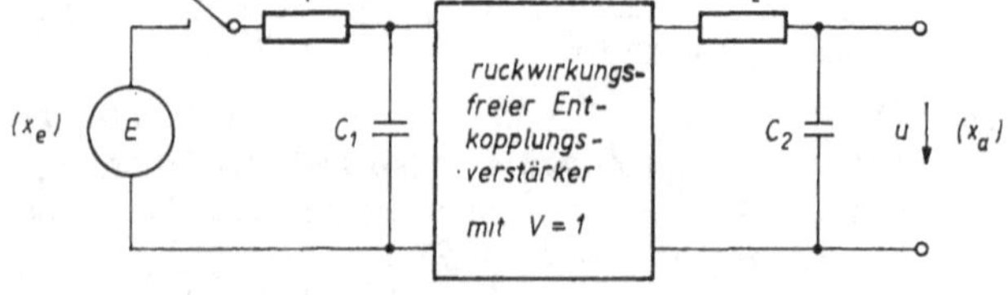

Abb. 3.10. Zwei Bauglieder mit Verzögerung 1. Ordnung und zwischengeschaltetem Entkopplungsverstärker ($V = 1$)

Aus dem Vergleich von Gleichung (3.11) mit Gleichung (3.13) wird ersichtlich, daß das Glied $T_{12} \frac{\mathrm{d}x_a}{\mathrm{d}t}$ die Rückwirkung vom Übertragungsglied mit R_2C_2 auf das mit R_1C_1 beschreibt. Weshalb wird nun die Frage der Rückwirkung hier erörtert? Das ist darin begründet, daß nur bei Rückwirkungsfreiheit der Signalfluß in einer Richtung verläuft, während bei Vorhandensein einer Rückwirkung kompliziertere Verhältnisse vorliegen. Das Übertragungsglied mit Verzögerung 2. Ordnung muß trotz des Aufbaues aus 4 Elementen wegen der Rückwirkung als Einheit aufgefaßt werden, denn vom Eingang über das Übertragungsglied ist bis zum Ausgang eine insgesamt eindeutige Signalrichtung und damit also Rückwirkungsfreiheit vorhanden.

3.2.4. Schwingungsglied (IV)

Differentialgleichung: $$T_1 T_2 \frac{\mathrm{d}^2 x_a}{\mathrm{d}t^2} + T_1 \frac{\mathrm{d}x_a}{\mathrm{d}t} + x_a = k x_e, \tag{3.14}$$

Übertragungsfunktion: $$G(p) = \frac{k}{T_1 T_2 p^2 + T_1 p + 1}. \tag{3.14a}$$

Schwingungsglieder, die sich durch eine lineare Differentialgleichung 2. Ordnung beschreiben lassen, sind verhältnismäßig häufig. Angeführt sei hier nur die Betrachtung der Bewegung eines Massenpunktes unter dem Einfluß von Federung und geschwindigkeitsproportionaler Reibung (bei trockener Reibung resultiert eine nichtlineare Differentialgleichung!).

Behandelt wird nun ein elektrisches Beispiel (Abb. 3.11). Dabei ergibt sich als Beziehung zwischen x_e und x_a die Differentialgleichung

$$LC \frac{\mathrm{d}^2 x_a}{\mathrm{d}t^2} + RC \frac{\mathrm{d}x_a}{\mathrm{d}t} + x_a = x_e.$$

Mit $T_1 = RC$ und $T_2 = \frac{L}{R}$ geht sie über in die Gestalt

$$T_1 T_2 \frac{d^2 x_a}{dt^2} + T_1 \frac{dx_a}{dt} + x_a = x_e .$$

Als Wurzeln der charakteristischen Gleichung

$$T_1 T_2 p^2 + T_1 p + 1 = 0 \tag{3.15}$$

ergeben sich

$$\lambda_{1,2} = -\frac{1}{2T_2} \pm \sqrt{\frac{1}{4T_2^2} - \frac{1}{T_1 T_2}} . \tag{3.16}$$

Bei hinreichend kleinem T_1 wird der Wert der Wurzeln imaginär und es gilt

$$\lambda_{1,2} = -\delta \pm j\omega .$$

Für die Übergangsfunktion $h(t)$ wird die Gleichung

$$h(t) = \left[1 - \sqrt{1 - \left(\frac{\delta}{\omega}\right)^2}\right] e^{-\delta t} \sin\left(\omega t + \arctan\frac{\omega}{\delta}\right). \tag{3.17}$$

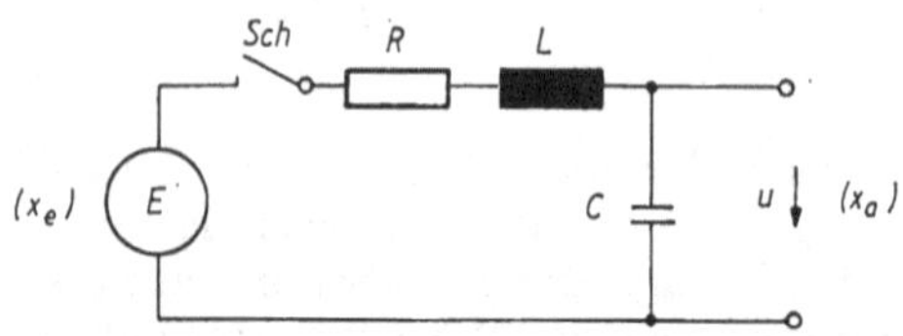

Abb. 3.11. Schwingungsglied

Die Abb. 3.12 zeigt einen solchen Schwingungsvorgang gemäß Gleichung (3.17).

Während in der Gleichung (3.11) die Zeitkonstanten nicht so gewählt werden können, daß gedämpfte Schwingungen entstehen, liegen hier andere Verhältnisse vor. Bei konstant gehaltenem Produkt $T_1 T_2$ braucht man dazu nur die Zeitkonstante T_1 hinreichend klein zu halten.

Offensichtlich läßt sich für eine lineare gewöhnliche Differentialgleichung 2. Ordnung eine Form angeben, die die Gleichungen (3.11) und (3.14) als Spezialfälle enthält:

$$T_1^2 \frac{\mathrm{d}^2 x_a}{\mathrm{d}t^2} + 2\,\zeta\, T_1 \frac{\mathrm{d}x_a}{\mathrm{d}t} + x_a = k x_e. \tag{3.18}$$

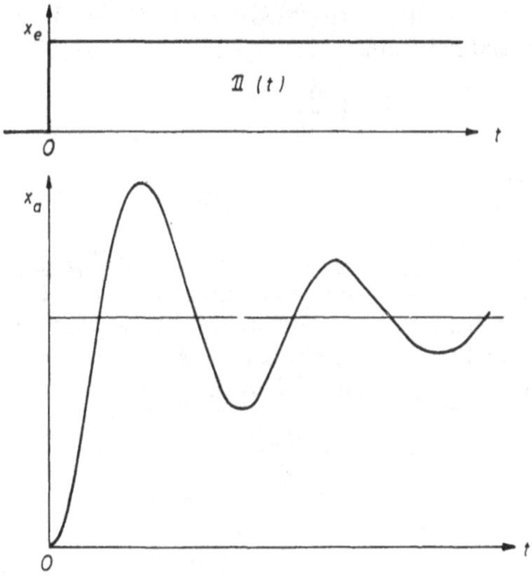

Abb. 3.12. Übergangsfunktion des Schwingungsgliedes

Durch entsprechende Wahl von ζ wird die jeweils vorhandene Dämpfung berücksichtigt.

Bisher wurden Übertragungsglieder behandelt, bei denen nach Abklingen des Übergangsprozesses die Ausgangsgröße x_a der Eingangsgröße x_e proportional wurde. Daher werden solche Übertragungsglieder proportionalwirkende Übertragungsglieder genannt.

3.2.5. Integralwirkendes Übertragungsglied ohne Verzögerung (V)

Nun wird eine andere Gruppe von Übertragungsgliedern betrachtet, nämlich die von integralwirkenden. Sie unterscheiden sich wesentlich von den proportionalwirkenden Übertragungsgliedern.

Das einfachste integralwirkende Glied besitzt die Differentialgleichung

$$T\,\frac{\mathrm{d}x_a}{\mathrm{d}t} = k x_e. \tag{3.19}$$

Übertragungsfunktion:

$$G(p) = \frac{k}{pT}. \tag{3.19a}$$

In der Gleichung (3.9) bewirkte das Glied μx_a, wobei in den betrachteten Beispielen nur der Fall $\mu = 1$ vorkam, daß die Übergangsfunktion $h(t)$ einem stationären Endwert zustrebte. Wenn nun $\mu = 0$, $k = 1$ ist, so wird aus der Gleichung (3.9) die Gleichung

$$T\,\frac{\mathrm{d}x_a}{\mathrm{d}t} = x_e \tag{3.20}$$

oder

$$x_a = \frac{1}{T}\int x_e\,\mathrm{d}t \tag{3.20a}$$

erhalten!

Ein lineares Übertragungsglied, das der Gleichung (3.20) gehorcht, heißt integralwirkend.

Die Neigung der Übergangsfunktion $h(t)$ (einer Halbgeraden mit dem Fußpunkt bei $t = t_0$) hängt von der Größe der Zeitkonstanten T ab und ist in Abb. 3.13 schematisch dargestellt. Bei diesem Übertragungsglied, einem „Glied ohne Ausgleich", kann also die Ausgangsgröße x_a beliebig große Werte annehmen, wenn die Eingangsgröße x_e hinreichend lange einwirkt.

In der Theorie linearer Systeme wird übrigens [3] — anders als bei der theoretischen Behandlung von Regelungen – ein integralwirkendes Glied als instabiles Glied bezeichnet. Stabil ist dort ein System genau dann, wenn jedes beschränkte zulässige Eingangssignal $x_e(t)$ ein ebenfalls beschränktes Ausgangssignal $x_a(t)$ zur Folge hat.

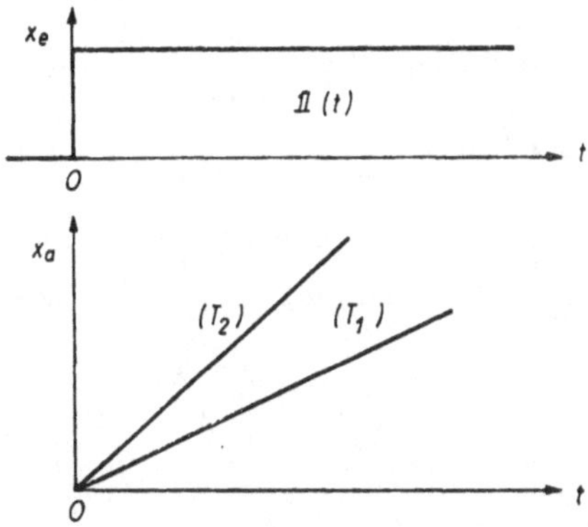

Abb. 3.13. Übergangsfunktionen integralwirkender Übertragungsglieder ($T_1 > T_2$)

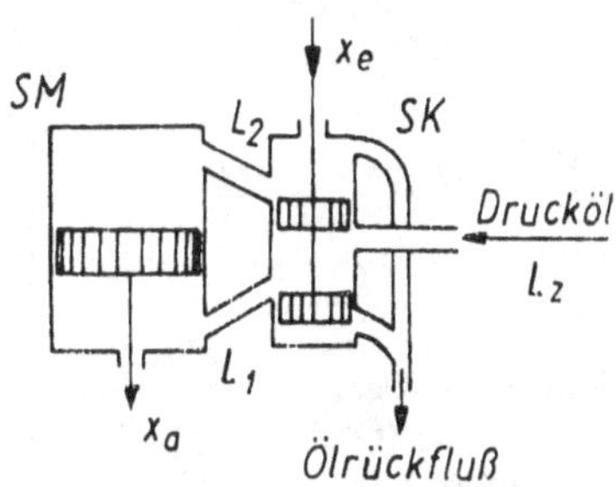

Abb. 3.14. Doppelkolbenschieber SK mit Stellmotor SM

Bauglieder mit integralem Verhalten sind der Doppelkolbenschieber mit Stellmotor (Abb. 3.14), das Strahlrohr mit Kraftkolben und die Wasserstandsregelstrecke eines Dampfkessels.

3.2.6. Integralwirkendes Übertragungsglied mit Verzögerung 1. Ordnung (VI)

Differentialgleichung: $$T_1 T_2 \frac{\mathrm{d}^2 x_a}{\mathrm{d}t^2} + T_1 \frac{\mathrm{d} x_a}{\mathrm{d}t} = k x_e. \quad (3.21)$$

Übertragungsfunktion: $$G(p) = \frac{k}{T_1 T_2 p^2 + T_1 p}. \quad (3.21\,\mathrm{a})$$

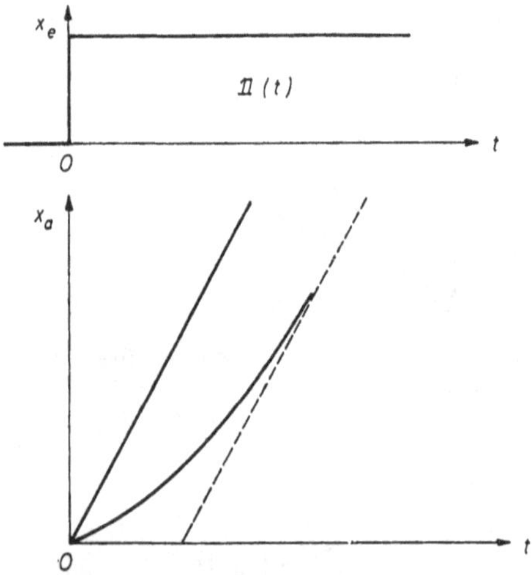

Abb. 3.15. Übergangsfunktion eines integralwirkenden Übertragungsgliedes mit Verzögerung 1. Ordnung

Analog zu dem proportional-wirkenden Übertragungsglied ohne Verzögerung (Gleichung (3.7)) wurde das integralwirkende Übertragungsglied ohne Verzögerung behandelt und wird nun entsprechend zu dem Übertragungsglied mit Verzögerung 1. Ordnung (Gleichung (3.8)) das integralwirkende Glied mit Verzögerung 1. Ordnung betrachtet. Bei ihm fehlt ebenfalls das Glied mit x_a. Die Übergangsfunktion $h(t)$, die sich nach dem Anlegen der Einheitssprungfunktion ergibt, ist in Abb. 3.15 angeführt. Nach Abklingen des Anteils der Übergangsfunktion, der auf die Verzögerung 1. Ordnung zurückzuführen ist (gestrichelt), bleibt bei hinreichend großem t nur noch der integrale Anteil übrig.

Als Beispiel für ein integralwirkendes Glied mit Verzögerung 1. Ordnung wird der Gleichstromnebenschluß-

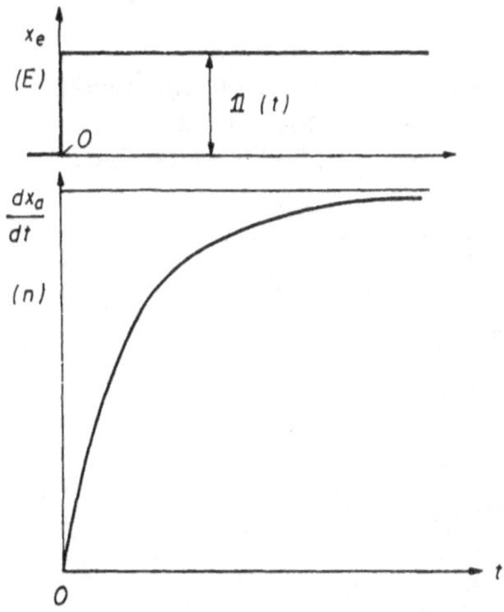

Abb. 3.16. Anlaufkennlinie eines Gleichstromnebenschlußmotors $\left(\frac{\mathrm{d}x_a}{\mathrm{d}t} = n = f(t)\right)$

motor angeführt und seine Speisespannung E mit x_e und sein Drehwinkel ϑ an der Welle mit x_a bezeichnet. Bei der Verwendung als Antriebsmotor in einem Fahrzeug ist der Drehwinkel x_a dem zurückgelegten Weg proportional. Darüber hinaus interessiert aber auch die Drehzahl n des Motors. Wegen der Beziehung

$$n = \frac{\mathrm{d}x_a}{\mathrm{d}t} \tag{3.22}$$

läßt sich die Beziehung (3.21) in die Form

$$T_1 T_2 \frac{\mathrm{d}n}{\mathrm{d}t} + T_1 n = kE \tag{3.23}$$

umschreiben. Die Gleichung für die Anlaufkennlinie des Motors besitzt also die Form der Gleichung (3.23) und ist in Abb. 3.16 eingezeichnet.

3.2.7. *Differenzierendes Übertragungsglied ohne Verzögerung* (*VII*)

Nach Erörterung proportionalwirkender, integralwirkender Übertragungsglieder werden nun differenzierend wirkende Übertragungsglieder behandelt. Das einfachste

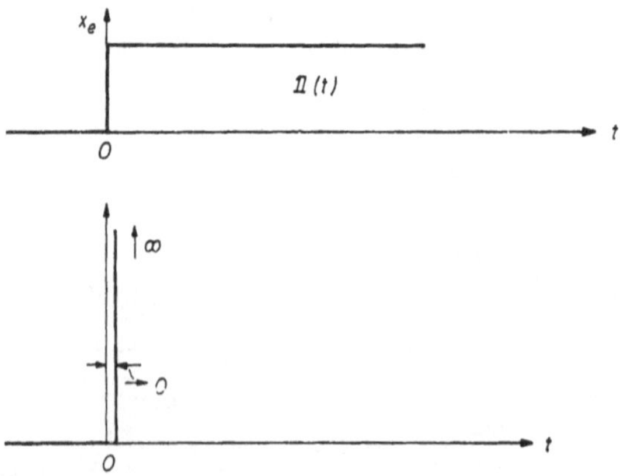

Abb. 3.17. Übertragungsfunktion eines idealen differenzierenden Übertragungsgliedes

derartige Glied, nämlich das ohne Verzögerung, ist nur in relativ grober Annäherung zu verwirklichen. Dafür gilt:

Differentialgleichung: $$x_a = kT\,\frac{\mathrm{d}x_e}{\mathrm{d}t}, \qquad (3.24)$$

Übertragungsfunktion: $$G(p) = kTp. \qquad (3.24\text{a})$$

Bei einem ideal arbeitenden differenzierenden Bauglied müßte sich als Übergangsfunktion ein Impuls unendlicher Höhe und verschwindender Breite ergeben (Abb. 3.17), was infolge der Trägheitserscheinung ausscheidet.

Die Gleichung (3.24) ist aber geeignet, das Verhalten einer Gleichstromtachometermaschine zu beschreiben. Angetrieben gibt sie eine Spannung ab, die der Winkelgeschwindigkeit $\frac{\mathrm{d}x_e}{\mathrm{d}t}$ ihrer Welle proportional ist.

3.2.8. Differenzierendes Übertragungsglied mit Verzögerung 1. Ordnung (VIII)

Analog zu dem proportionalwirkenden und integralwirkenden Übertragungsgliedern gilt für ein differenzierendes Übertragungsglied mit Verzögerung die Differentialgleichung

$$T\,\frac{\mathrm{d}x_a}{\mathrm{d}t} + x_a = k\,T\,\frac{\mathrm{d}x_e}{\mathrm{d}t} \tag{3.25}$$

und die Übertragungsfunktion

$$G(p) = \frac{k\,T\,p}{1 + T\,p}. \tag{3.25a}$$

In Abb. 3.18 ist die Übergangsfunktion $h(t)$ eingetragen.

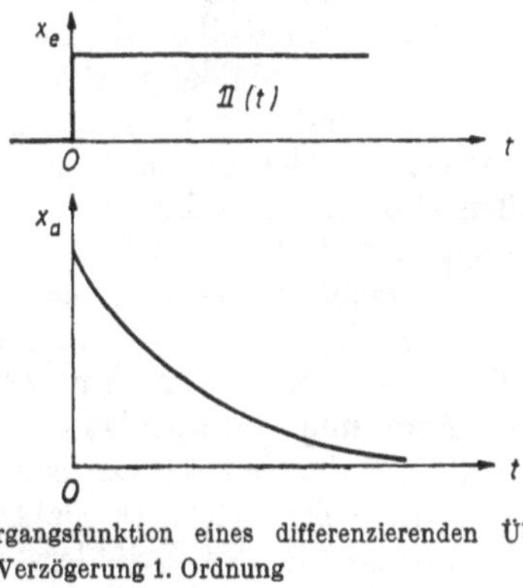

Abb. 3.18. Übergangsfunktion eines differenzierenden Übertragungsgliedes mit Verzögerung 1. Ordnung

Als erstes Beispiel wird eine elektrische Anordnung angeführt (Abb. 3.19), die einer der Gleichung (3.25) entsprechenden Beziehung gehorcht.

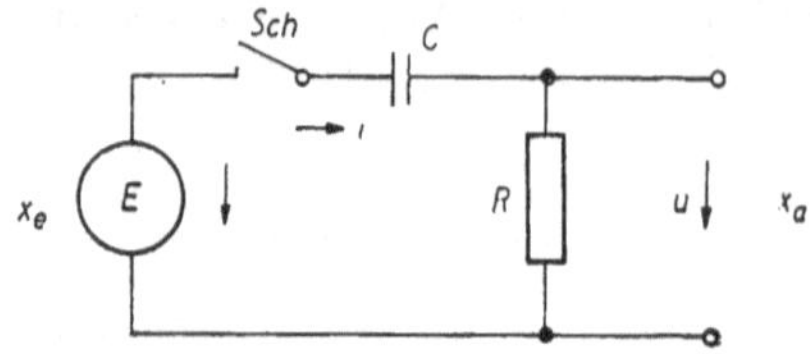

Abb. 3.19. Elektrisches Bauglied mit differenzierender Wirkung

Es gilt

$$E = iR + \frac{1}{C}\int i \, \mathrm{d}t .$$

Mit x_e statt E und $\frac{x_a}{R}$ statt i wird

$$x_e = x_a + \frac{1}{RC}\int x_a \, \mathrm{d}t . \tag{3.26}$$

Nach Differentation folgt die Gleichung (3.25) mit $k = 1$ und $RC = T$.

Eine hydraulische Einrichtung wird als zweites Beispiel betrachtet (Abb. 3.20). In einem mit Öl gefüllten Zylinder Z bewegt sich ein Kolben K. Die beiden durch den Kolben im Zylinder gebildeten Räume sind durch einen Überlauf $Ü$ verbunden, der mit einer einstellbaren Drossel D versehen ist. Der Boden B des Zylinders ist an seiner Außenseite mit einer Feder F verbunden, die an ihrem anderen Ende festgelegt ist. Von einem Gleichgewichtszustand ausgehend, wird x_e sprungförmig um den Betrag k' geändert, wodurch der Kolben in entsprechendem Maße verschoben wird. Im Zeitpunkt der sprungförmigen Änderung von x_e folgt der Zylinder der Bewegung in vollem Maße, weil der Ölaustausch über die Drossel D eine endliche Zeit erfordert. Dabei wird gleichzeitig mit der Auslenkung des Zylinders die Feder F

gespannt, so daß die entsprechende Federkraft das Öl durch den Überlauf zu pressen sucht. Infolgedessen läuft der Zylinder Z wieder in Richtung auf seine Ruhelage hin. Falls die durchströmende Menge der Druckdifferenz

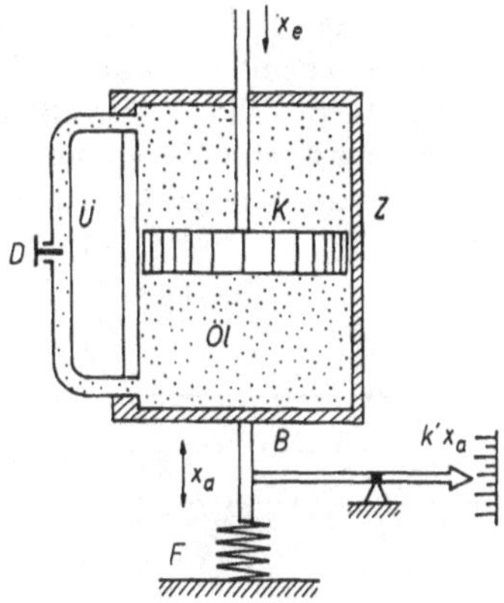

Abb. 3.20. Hydraulische Anordnung mit differenzierender Wirkung

hinreichend genau proportional ist, bewegt sich der Kolben in Abhängigkeit von der Zeit angenähert nach einer Exponentialfunktion und es gilt auch für die hydraulische Anordnung die Gleichung (3.25).

3.2.9. Übertragungsglied mit Totzeit (IX)

Die bisher behandelten Übertragungsglieder wurden durch gewöhnliche lineare Differentialgleichungen mit konstanten Koeffizienten beschrieben. Die Übertragungsfunktionen dieser Glieder waren gebrochen rationale Funktionen von p.

Nun gibt es aber auch lineare Übertragungsglieder, bei denen die Übertragungsfunktionen transzendente Funktionen sind. Sie treten bei Baugliedern mit verteilten Parametern auf.

Hier wird nun der einfachste Fall, und zwar der des Übertragungsgliedes mit konstanter Totzeit, betrachtet. Sie tritt u. a. auf, wenn die Fortpflanzungsgeschwindigkeit eines Signals berücksichtigt werden muß, wie etwa bei der Befehlsübermittlung an eine gesteuerte künstliche kosmische Station in der Nähe eines anderen Himmelskörpers. Bei einem Glied mit konstanter Totzeit wiederholt die Ausgangsgröße die Eingangsgröße mit einer konstanten Zeitverschiebung, ohne ihren Verlauf zu ändern. Die Zeit, um die die Ausgangsgröße gegenüber der Eingangsgröße verschoben ist, wird Totzeit T_t genannt (Abb. 3.21).

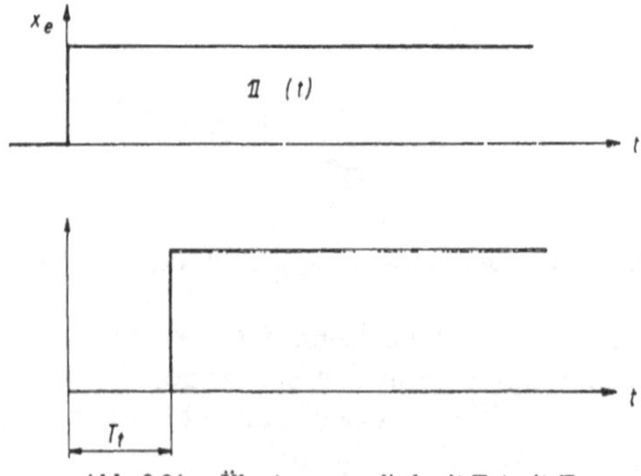

Abb. 3.21. Übertragungsglied mit Totzeit T_t

Glieder dieser Art sind linear und werden durch die Beziehung

$$x_a(t) = k x_e(t - T_t) \tag{3.27}$$

beschrieben.

Unter Berücksichtigung des Verschiebungssatzes folgt für die Laplace-Transformierte des Totzeitgliedes

$$X_a(p) = X_e(p)\, k \mathrm{e}^{-pT_t} \tag{3.28}$$

und die Übertragungsfunktion

$$G(p) = \frac{X_a(p)}{X_e(p)} = k \mathrm{e}^{-pT_t}. \tag{3.29}$$

Es sei noch darauf hingewiesen, daß sich die Gleichung (3.29) als einzige der hier behandelten nicht aus Gleichung (3.5) durch Spezialisierung gewinnen läßt.

3.3. Zusammenstellung der Beschreibungsformen der Übertragungsglieder

Nachdem nun die einfachsten Gleichungen, Differentialgleichungen bzw. Übertragungsfunktionen angeführt und mit Beispielen von Baugliedern belegt sind, sollen sie anschließend zusammengestellt werden.

A. Gleichungen/Differentialgleichungen

Proportionalwirkende Übertragungsglieder

I $$x_a = k x_e$$

II $$T \frac{\mathrm{d}x_a}{\mathrm{d}t} + x_a = k x_e$$

III $$T_1 T_2 \frac{\mathrm{d}^2 x_a}{\mathrm{d}t^2} + (T_1 + T_2 + T_{12}) \frac{\mathrm{d}x_a}{\mathrm{d}t} + x_a = k x_e$$

IV $$T_1 T_2 \frac{\mathrm{d}^2 x_a}{\mathrm{d}t^2} + T_1 \frac{\mathrm{d}x_a}{\mathrm{d}t} + x_a = k x_e$$

Integralwirkende Übertragungsglieder

V $$T \frac{\mathrm{d}x_a}{\mathrm{d}t} = k x_e$$

VI $$T_1 T_2 \frac{\mathrm{d}^2 x_a}{\mathrm{d}t^2} + T_1 \frac{\mathrm{d}x_a}{\mathrm{d}t} = k x_e$$

Differenzierende Übertragungsglieder

VII $$x_a = k T \frac{\mathrm{d}x_e}{\mathrm{d}t}$$

VIII $$T \frac{\mathrm{d}x_a}{\mathrm{d}t} + x_a = k T \frac{\mathrm{d}x_e}{\mathrm{d}t}$$

Übertragungsglied mit Totzeit

IX $x_a(t) = kx_e(t - T_t)$

B. Übertragungsfunktionen $G(p)$

Übertragungsfunktion von P-Gliedern

I $G(p) = k$

II $G(p) = \frac{k}{1 + pT}$

III $G(p) = \frac{k}{T_1 T_2 p^2 + (T_1 + T_2 + T_{12})\, p + 1}$

IV $G(p) = \frac{k}{T_1 T_2 p^2 + T_1 p + 1}$

Übertragungsfunktion von I-Gliedern

V $G(p) = \frac{k}{pT}$

VI $G(p) = \frac{k}{T_1 T_2 p^2 + T_1 p}$

Übertragungsfunktion von D-Gliedern

VII $G(p) = kTp$

VIII $G(p) = \frac{kTp}{1 + pT}$

Übertragungsfunktion des Totzeitgliedes

IX $G(p) = k\mathrm{e}^{-pT_t}$

Weiter sei darauf hingewiesen, daß, soweit es angängig ist, bei linearen Übertragungsgliedern in den Block, an dessen Eingang das Eingangssignal und an dessen Ausgang das verarbeitete Signal liegt, die Übergangsfunktion schematisch eingetragen wird, wie aus Abb. 3.22 ersichtlich ist.

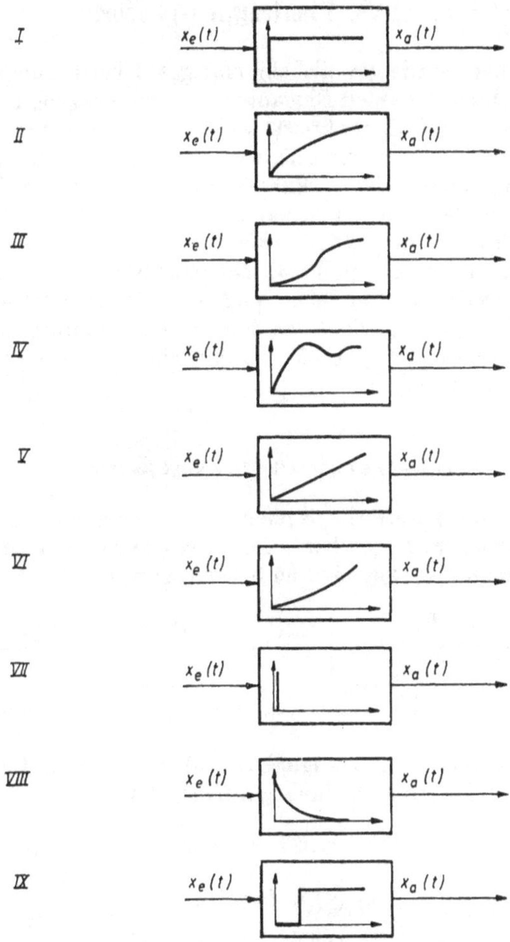

Abb. 3.22. Schematische Darstellung der Übergangsfunktionen zu den Übertragungsgliedern I bis IX

4. Verknüpfung von Übertragungsgliedern

Bisher wurde jeweils ein einziges Übertragungsglied betrachtet, das einen Eingang und einen Ausgang besitzt. Nun wird auf die praktisch wichtigen Fälle eingegangen, daß zwei oder mehr rückwirkungsfreie Übertragungsglieder miteinander verknüpft sind. Dabei ist ein Übertragungsglied nur zwischen zwei solchen Punkten des Signalflußweges definiert, zwischen denen Rückwirkungsfreiheit herrscht (vgl. 3.2.3). Die folgenden Untersuchungen lassen sich unter Benutzung von Differentialgleichungen durchführen, doch werden die Übertragungsfunktionen verwendet, da sich damit eine übersichtlichere Schreibweise ergibt.

4.1. Reihenschaltung von Übertragungsgliedern

In Abb. 4.1 ist die Reihenschaltung zweier Übertragungsglieder angegeben. Das Ausgangssignal $X_{a1}(p)$ des ersten Blockes mit der Übertragungsfunktion $G_1(p)$

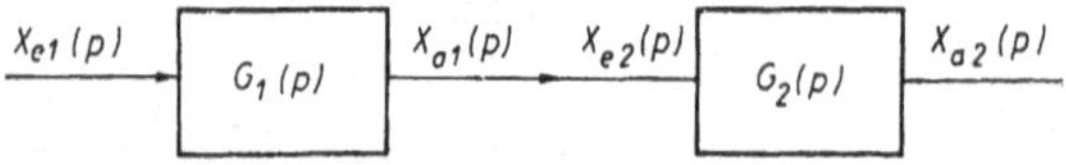

Abb. 4.1. Reihenschaltung der Übertragungsglieder $G_1(p)$, $G_2(p)$

ist also das Eingangssignal $X_{e2}(p)$ des zweiten Blockes mit der Übertragungsfunktion $G_2(p)$. Es gilt

$$X_{e2}(p) = X_{a1}(p),$$

weiter

$$X_{a2}(p) = G_2(p)\, X_{e2}(p), \tag{4.1}$$

$$X_{a1}(p) = G_1(p)\, X_{e1}(p). \tag{4.2}$$

Damit wird bei fehlender Rückwirkung, also Signalübertragung nur in einer Richtung, nämlich der Pfeilrichtung,

$$X_{a2}(p) = X_{e1}(p)\, G_1(p)\, G_2(p) \tag{4.3}$$

und

$$G(p) = G_1(p)\,G_2(p). \tag{4.4}$$

Bei der Reihenschaltung von Übertragungsgliedern werden also die Übertragungsfunktionen multipliziert (Abb. 4.2).

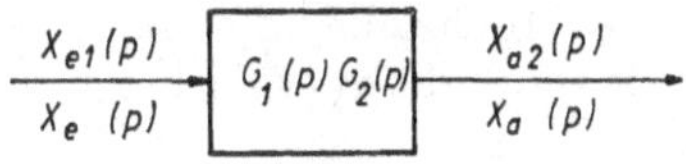

Abb. 4.2. Reduktion der Reihenschaltung auf einen Block

Offenbar läßt sich dieses Verfahren auf eine beliebige Zahl hintereinandergeschalteter linearer Übertragungsglieder übertragen. Wird von der Differentialgleichung ausgegangen, so müssen die Zwischenvariablen $x_{e\nu}$ und $x_{a\mu}$ eliminiert werden, was relativ mühsam sein kann.

4.2. *Parallelschaltung von Übertragungsgliedern*

Behandelt wird nun als weitere Struktur der Fall von zwei parallelgeschalteten rückwirkungsfreien Übertragungsgliedern (Abb. 4.3), da auch hier die Erörterung

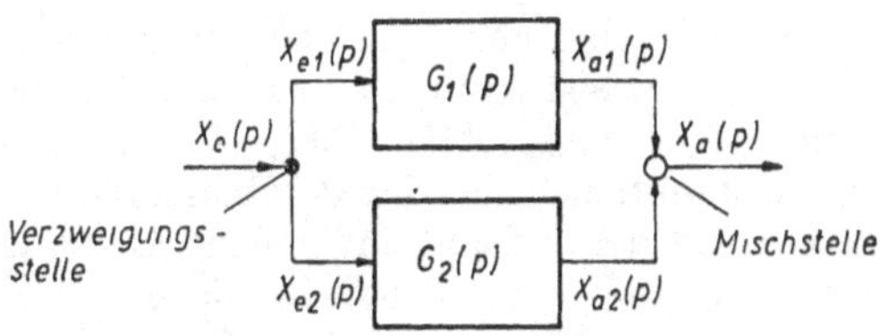

Abb. 4.3. Parallelschaltung der Übertragungsglieder $G_1(p)$, $G_2(p)$

der Parallelschaltung von mehr als zwei Gliedern ein entsprechendes Ergebnis bringt.

Hier verzweigt sich das Eingangssignal und es ergibt sich eine Verzweigungsstelle, für die

$$X_e(p) = X_{e1}(p) = X_{e2}(p) \tag{4.5}$$

gilt, wobei wieder

$$X_{a1}(p) = G_1(p)\, X_{e1}(p), \tag{4.6}$$

$$X_{a2}(p) = G_2(p)\, X_{e2}(p). \tag{4.7}$$

Am Ausgang werden die beiden Signale $X_{a1}(p)$ und $X_{a2}(p)$ addiert. Für die Mischstelle, die durch einen kleinen Kreis dargestellt wird, gilt die Gleichung

$$X_{a1}(p) + X_{a2}(p) = X_a(p),$$

für die Verzweigungsstelle

$$X_e(p) = X_{e1}(p) = X_{e2}(p).$$

Damit wird

$$X_a(p) = X_{a1}(p) + X_{a2}(p) = [G_1(p) + G_2(p)]\, X_e(p)$$

und

$$G(p) = G_1(p) + G_2(p). \tag{4.8}$$

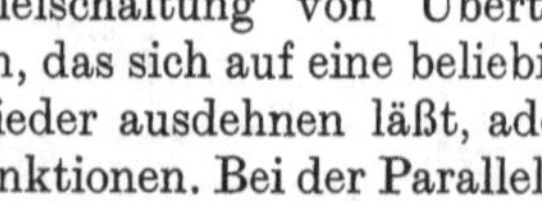

Abb. 4.4. Reduktion der Parallelschaltung auf einen Block

Bei der Parallelschaltung von Übertragungsgliedern, einem Verfahren, das sich auf eine beliebige Zahl parallelgeschalteter Glieder ausdehnen läßt, addieren sich ihre Übertragungsfunktionen. Bei der Parallelschaltung zeigen sich die Vorteile der Behandlung mittels der LAPLACE-Transformation besonders deutlich, da der Übergang in den Zeitbereich erst nach Durchführung der ggf. zweckmäßigen Umformungen von $G(p)$ vorgenommen zu werden braucht. Unter Verwendung von Differentialgleichungen kann dagegen die Parallelschaltung nur im Zeitbereich vorgenommen werden.

Mit Reihen- und Parallelschaltungen der behandelten Übertragungsglieder bzw. der gerätemäßigen Realisierung der entsprechenden Baugruppen, lassen sich analogwirkende Steuerungen aufbauen. Dabei ist das Steuern – die Steuerung – als ein Vorgang in einem abgegrenzten System definiert:

Eine oder mehrere Größen beeinflussen als Eingangsgrößen andere Größen als Ausgangsgrößen auf Grund der für das abgegrenzte System charakteristischen Gesetzmäßigkeiten.

Wesentlich für eine Steuerung ist, daß keine unmittelbare Rückführung einer Ausgangsgröße auf einen Eingang erfolgt. Es wird auch keine direkte Prüfung vorgenommen, ob ein Steuerbefehl ausgeführt worden ist oder nicht. Dies bezieht sich also auf analoge Steuerungen. Für digitale Steuerungen, die hier nicht behandelt werden, gilt entsprechendes.

4.3. Rückführschaltung von Übertragungsgliedern

Als dritte und im folgenden eingehend zu betrachtende Anordnung wird nun die Struktur beschrieben, bei der sich die vorhandenen Übertragungsglieder in

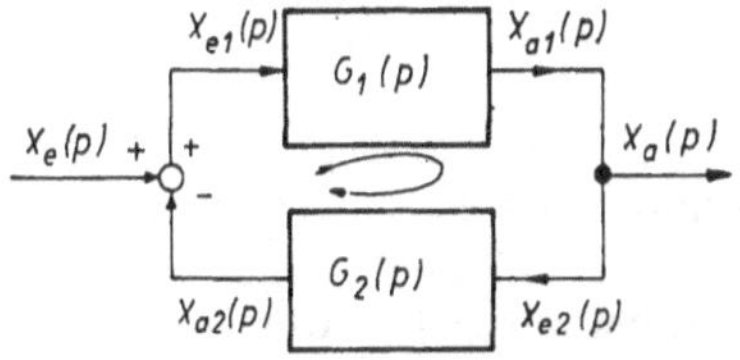

Abb. 4.5. Rückführschaltung (Variante 1)

zwei Übertragungszweigen, und zwar einem „Vorwärtszweig" und einem „Rückwärtszweig", zusammenfassen lassen.

Im Vergleich mit Abb. 4.3 der Parallelschaltung haben in Abb. 4.5 Misch- und Verzweigungsstelle jeweils die Plätze getauscht. Dementsprechend verändert sich der Signalfluß, was genau betrachtet werden muß.

Für die Verzweigungsstelle gilt die Beziehung

$$X_a(p) = X_{a1}(p) = X_{e2}(p), \tag{4.9}$$

für die Mischstelle

$$X_{e1} = X_e(p) - X_{a2}(p). \tag{4.10}$$

Das Minuszeichen ist erforderlich, da das rückgeführte Signal dem Eingangssignal $X_e(p)$ entgegenwirken soll. In Abb. 4.5 ist das Minuszeichen eingetragen, und zwar zwischen dem Block mit der Übertragungsfunktion $G_2(p)$ und der Mischstelle unmittelbar an dem Eingang mit $X_e(p)$.

Weiter ergibt sich

$$\frac{X_a(p)}{X_e(p)} = \frac{X_a(p)}{X_{e1}(p) + X_{a2}(p)} = \frac{X_{a1}(p)}{X_{e1}(p) + X_{a2}(p)}$$

$$= \frac{1}{\dfrac{X_{e1}(p)}{X_{a1}(p)} + \dfrac{X_{a2}(p)}{X_{e2}(p)}}$$

$$= \frac{1}{\dfrac{1}{G_1(p)} + G_2(p)} = \frac{G_1(p)}{1 + G_1(p)\,G_2(p)}. \tag{4.11}$$

Neben der Rückführschaltung (Abb. 4.5) sei noch eine andere verwandte Struktur angeführt, wie sie Abb. 4.6 zeigt.

Aus der Gleichung für die Mischstelle

$$X_{e1}^*(p) = X_e^*(p) - X_a(p) \tag{4.12}$$

und

$$X_a(p) = G_1(p)\,G_2(p)\,X_{e1}^*(p) \tag{4.13}$$

ergibt sich nach Eliminierung von $X_{e1}^*(p)$

$$\frac{X_a(p)}{X_e^*(p)} = \frac{1}{1 + \dfrac{1}{G_1(p)\,G_2(p)}} = \frac{G_1(p)\,G_2(p)}{1 + G_1(p)\,G_2(p)}. \tag{4.14}$$

Unter Benutzung von Differentialgleichungen werden natürlich die gleichen Beziehungen gewonnen, wenn auch umständlicher.

Die Ausdrücke für die beiden Rückführschaltungen unterscheiden sich untereinander und darüber hinaus

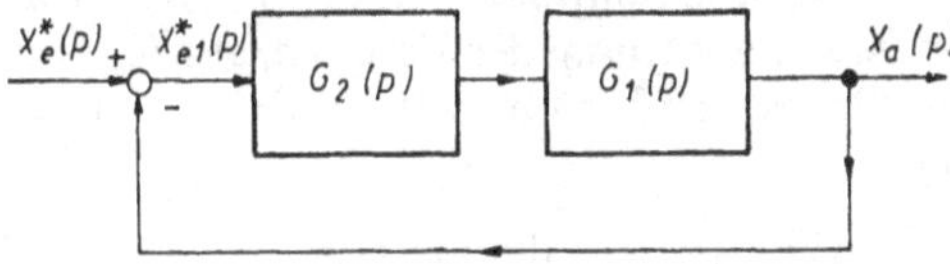

Abb. 4.6. Rückführschaltung (Variante 2)

in charakteristischer Weise von denen für die Reihenschaltung bzw. die Parallelschaltung. Das ist eine Folge des andersartigen und spezifischen Informationsablaufes. Seine nähere Betrachtung wird die Aufgabe der auf die Behandlung der Frequenzgänge folgenden Abschnitte sein.

5. Komplexer Frequenzgang

5.1. Allgemeine Form des Frequenzganges

Frequenzgangverfahren werden in der Nachrichtentechnik bekanntlich seit langem in großem Umfange benutzt. Sie sind dort ein sehr wirksames Mittel bei der Behandlung von Problemen der Informationsverarbeitung. Als sich die Nachrichtentechnik mit Regelungsproblemen zu befassen hatte, wurden die Frequenzgangmethoden in modifizierter Form bei der Untersuchung von Regelungen verwendet. Das ist naheliegend, weil bei einer Regelung, ebenso wie bei der Nachrichtenübermittlung, der Wirkungsgrad eine untergeordnete Rolle spielt, und es vor allem auf die Art der Informationsverarbeitung und -übertragung ankommt.

Die Vorteile der Frequenzgangmethoden liegen hauptsächlich in Richtung auf Anschaulichkeit und Einfachheit in der Darstellung. Bei einem linearen Übertragungsglied tritt bei Einwirkung einer sinusförmigen Eingangsgröße am Ausgang nach Abklingen gegebenenfalls vorhandener Übergangsprozesse eine gezwungene Schwingung der gleichen Frequenz ω auf, die sich von der Eingangsgröße in der Amplitude und in der Phase unterscheidet. Zur Berechnung des Frequenzganges eines Übertragungsgliedes wird von seiner Differentialgleichung ausgegangen.

$$A_0 \frac{\mathrm{d}^n x_a(t)}{\mathrm{d}t^n} + A_1 \frac{\mathrm{d}^{n-1} x_a(t)}{\mathrm{d}t^{n-1}} + \cdots + A_n x_a(t)$$

$$= B_0 \frac{\mathrm{d}^m x_e(t)}{\mathrm{d}t^m} + B_1 \frac{\mathrm{d}^{m-1} x_e(t)}{\mathrm{d}t^{m-1}} + \cdots + B_m x_e(t). \quad (5.1)$$

Aus der dazugehörigen Übertragungsfunktion (Gl. 3.5)

$$G(p) = \frac{B_0 p^m + B_1 p^{m-1} + \cdots B_m}{A_0 p^n + A_1 p^{n-1} + \cdots A_n}$$

ergibt sich durch Einsetzen von $p = j\omega$

$$G(j\omega) = \frac{X_a}{X_e}\, \mathrm{e}^{j\varphi} = \frac{B_0 (j\omega)^m + \cdots + B_m}{A_0 (j\omega)^n + \cdots + A_n}. \quad (5.2)$$

Der Frequenzgang $G(j\omega)$ des vorgegebenen Systems wird also erhalten, wenn p nur Werte auf der imaginären Achse annehmen kann. (Der Übergang vom Frequenzgang $G(j\omega)$ zur Übertragungsfunktion $G(p)$ ist dagegen nicht ohne weiteres zulässig, sondern erfordert im allgemeinen Falle entsprechende mathematische Überlegungen.)

5.2. Frequenzgänge von Übertragungsgliedern

Im Anschluß an die bereits gegebenen Übertragungsfunktionen der Grundglieder sollen nun die zugehörigen Frequenzgänge angeführt werden.

I. P-Glied

$$G(j\omega) = \frac{\tilde{x}_a(j\omega)}{\tilde{x}_e(j\omega)} = k \tag{5.3}$$

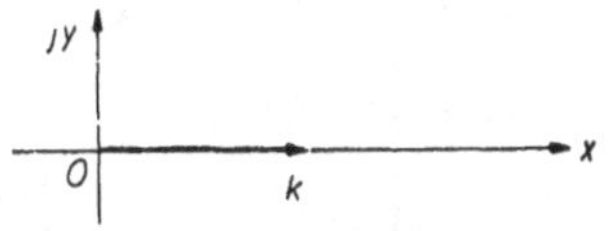

Abb. 5.1. Frequenzgang eines Übertragungsgliedes ohne Zeitabhängigkeit

II. P-Glied mit Verzögerung 1. Ordnung (PT_1-Glied)

$$G(j\omega) = \frac{\tilde{x}_a(j\omega)}{\tilde{x}_e(j\omega)} = \frac{k}{1 + j\omega T} \tag{5.4}$$

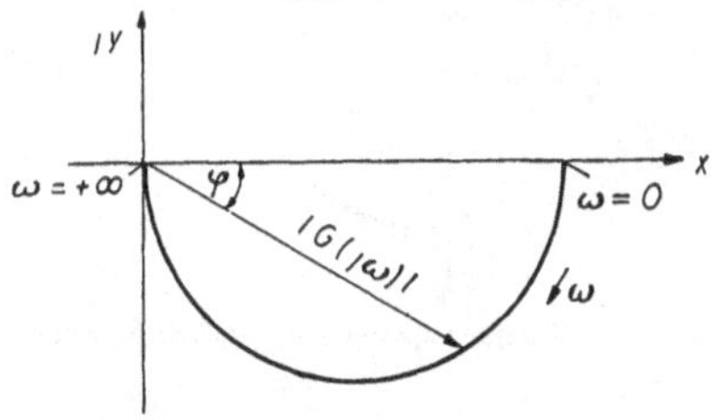

Abb. 5.2. Frequenzgang eines Übertragungsgliedes mit Verzögerung 1. Ordnung

III. Glied mit Verzögerung 2. Ordnung (PT_2-Glied)

$$G(j\omega) = \frac{\tilde{x}_a(j\omega)}{\tilde{x}_e(j\omega)} = \frac{k}{1 - T_1 T_2 \omega^2 + j\omega(T_1 + T_2 + T_{12})} \tag{5.5}$$

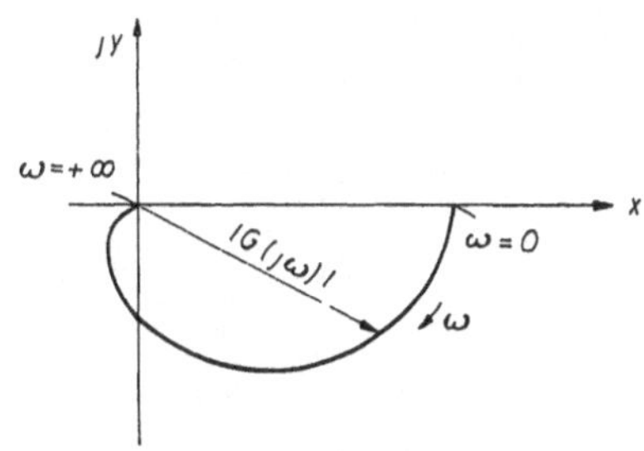

Abb. 5.3. Frequenzgang eines Übertragungsgliedes mit Verzögerung 2. Ordnung

IV. P-Glied-Schwingungsglied

$$G(j\omega) = \frac{\tilde{x}_a(j\omega)}{\tilde{x}_e(j\omega)} = \frac{k}{1 - T_1 T_2 \omega^2 + j\omega T_1} \tag{5.6}$$

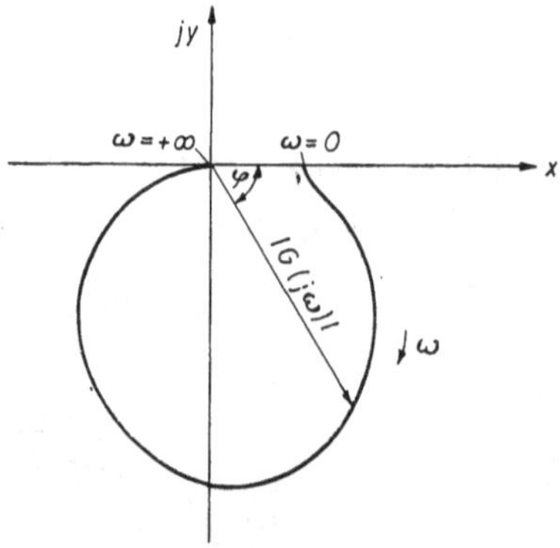

Abb. 5.4. Frequenzgang eines Schwingungsgliedes

V. I-Glied ohne Verzögerung

$$G(j\omega) = \frac{\tilde{x}_a(j\omega)}{\tilde{x}_e(j\omega)} = \frac{k}{j\omega T} \tag{5.7}$$

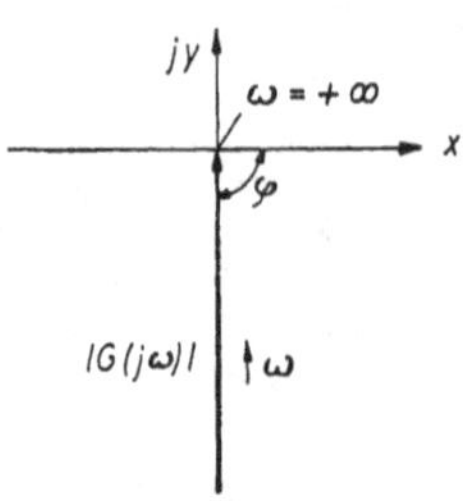

Abb. 5.5. Frequenzgang eines integralwirkenden Übertragungsgliedes

VI. I-Glied mit Verzögerung 1. Ordnung

$$G(j\omega) = \frac{\tilde{x}_a(j\omega)}{\tilde{x}_e(j\omega)} = \frac{k}{-T_1 T_2 \omega^2 + j\omega T_1} \tag{5.8}$$

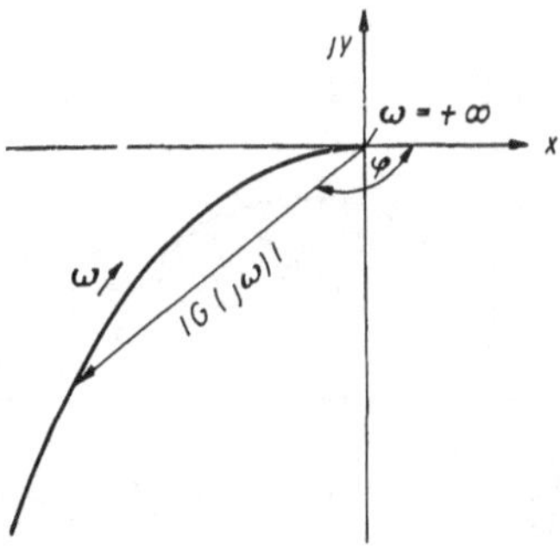

Abb. 5.6. Frequenzgang eines integralwirkenden Übertragungsgliedes mit Verzögerung 1. Ordnung

VII. Differenzierendes Glied ohne Verzögerung

$$G(j\omega) = \frac{\tilde{x}_a(j\omega)}{\tilde{x}_e(j\omega)} = j\omega kT \tag{5.9}$$

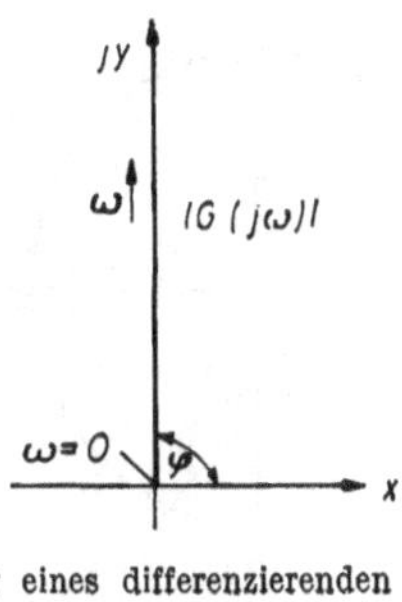

Abb. 5.7. Frequenzgang eines differenzierenden Übertragungsgliedes ohne Verzögerung

VIII. D-Glied mit Verzögerung 1. Ordnung

$$G(j\omega) = \frac{\tilde{x}_a(j\omega)}{\tilde{x}_e(j\omega)} = k\,\frac{j\omega T}{1 + j\omega T} \tag{5.10}$$

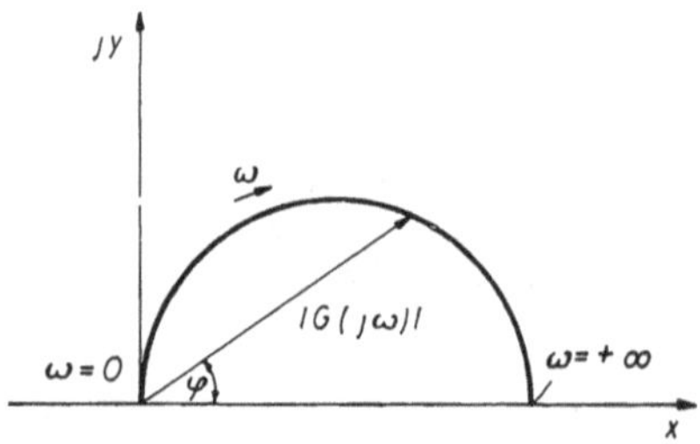

Abb. 5.8. Frequenzgang eines differenzierenden Übertragungsgliedes mit Verzögerung 1. Ordnung

IX. Totzeitglied

$$G(j\omega) = \frac{\tilde{x}_a(j\omega)}{\tilde{x}_e(j\omega)} = e^{-j\omega T} \tag{5.11}$$

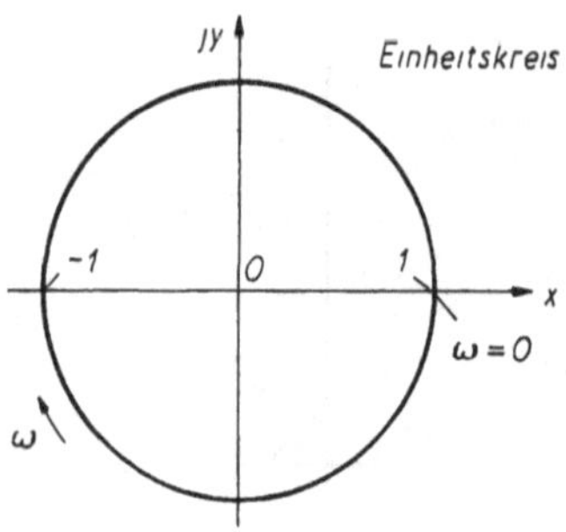

Abb. 5.9. Frequenzgang eines Totzeitgliedes

5.3. Gesamtfrequenzgang miteinander verknüpfter Übertragungsglieder

Nach der Anführung der einzelnen Frequenzgänge $G(j\omega)$ der schon vorher behandelten Übertragungsglieder sollen nun entsprechend Abschnitt 4 Verknüpfungen der zu ihnen gehörenden Frequenzgänge angegeben werden, und zwar

1. Reihenschaltung
2. Parallelschaltung
3. Rückführschaltung

5.3.1. Reihenschaltung

Betrachtet wird die Reihenschaltung nach Abb. 5.10. Aus Gleichung (4.4) folgt unmittelbar

$$G(j\omega) = G_1(j\omega)\, G_2(j\omega). \tag{5.12}$$

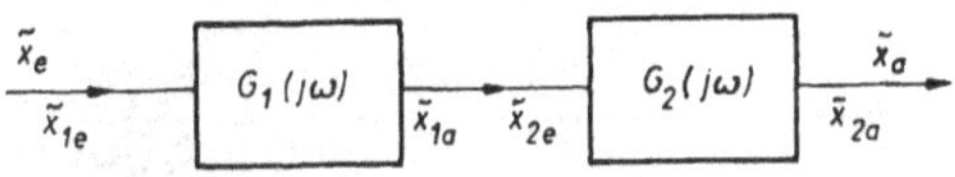

Abb. 5.10. Reihenschaltung von Übertragungsgliedern mit den Frequenzgängen $G_1(j\omega)$, $G_2(j\omega)$

Verallgemeinert:

Um den Gesamtfrequenzgang $G(j\omega)$ einer Reihenschaltung von n Übergangsgliedern zu erhalten, werden also die Einzelfrequenzgänge $G_1(j\omega)$, $G_2(j\omega)$, …, $G_n(j\omega)$ miteinander multipliziert.

5.3.2. Parallelschaltung

Die Parallelschaltung wird entsprechend Abb. 5.11 vorgenommen. Nach der Beziehung (4.8) ergibt sich für den resultierenden Frequenzgang

$$G(j\omega) = G_1(j\omega) + G_2(j\omega). \tag{5.13}$$

Das Verfahren läßt sich offensichtlich auf die Parallelschaltung einer beliebigen Zahl von Gliedern verallgemeinern.

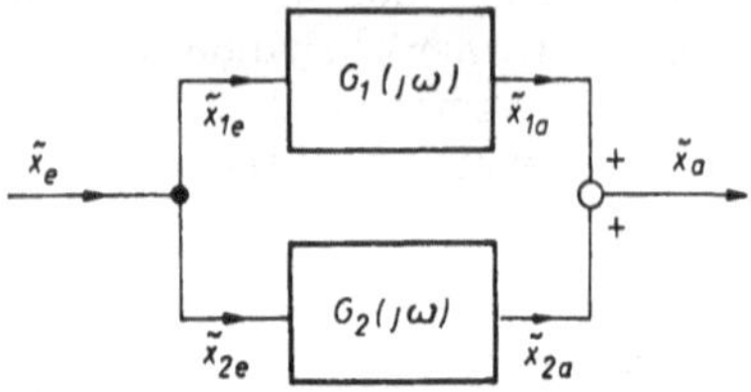

Abb. 5.11. Parallelschaltung von Übertragungsgliedern mit den Frequenzgängen $G_1(j\omega)$, $G_2(j\omega)$

5.3.3. *Rückführschaltung*

Im Falle der Rückführschaltung (Abb. 5.12) läßt sich im Anschluß an Gleichung (4.11)

$$G(j\omega) = \frac{G_1(j\omega)}{1 + G_1(j\omega)\, G_2(j\omega)} = \frac{\tilde{x}_a(j\omega)}{\tilde{x}_e(j\omega)} \qquad (5.14)$$

schreiben (Variante (a)). Bei der Variante (b) (Abb. 5.13) gilt mit

$$\tilde{x}_{e2}(j\omega) = \tilde{x}_a(j\omega) - \tilde{x}_e^*(j\omega)$$

$$\frac{\tilde{x}_a(j\omega)}{\tilde{x}_e(j\omega)} = \frac{G_1(j\omega)\, G_2(j\omega)}{1 + G_1(j\omega)\, G_2(j\omega)} = G(j\omega)\,. \qquad (5.15)$$

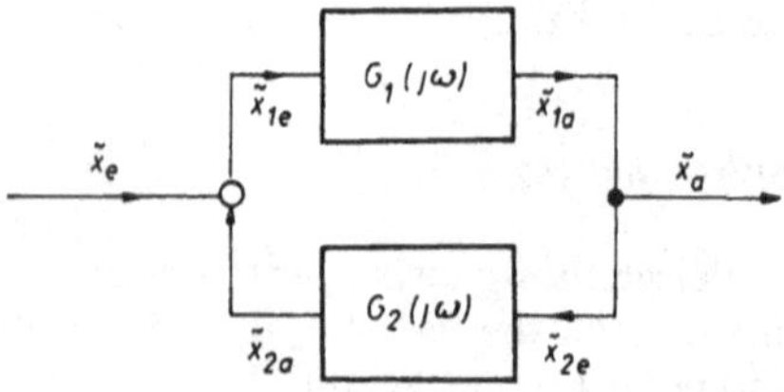

Abb. 5.12. Rückführschaltung von Übertragungsgliedern mit den Frequenzgängen $G_1(j\omega)$, $G_2(j\omega)$, Variante a

Die beiden Varianten (a) und (b) zeigen, daß die Struktur der Rückführschaltung genau beachtet werden muß, damit der richtige Ausdruck für den Gesamtfrequenzgang $G(j\omega)$ erhalten wird.

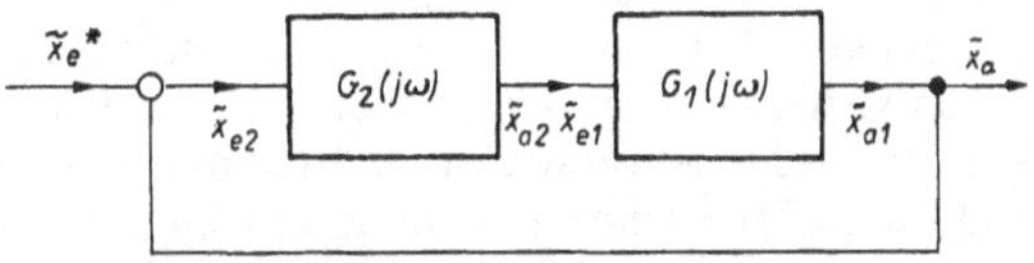

Abb. 5.13. Rückführschaltung von Übertragungsgliedern mit den Frequenzgängen $G_1(j\omega)$, $G_2(j\omega)$, Variante b

Bemerkt sei noch, daß es für manche Zwecke vorteilhaft ist, wenn der Frequenzgang nach Amplitude und Phase getrennt aufgetragen wird. Die Amplitude H wird dann in Dezibel (dB) mit $L(\omega) = 20 \lg_{10} H$ und die Phase in Winkelgeraden Θ angegeben, wobei in beiden Fällen die Frequenzachse logarithmisch geteilt ist. Die so erhaltenen logarithmischen Frequenzgänge werden auch als Bode-Diagramm bezeichnet.

6. Regelung – Regelkreis

Die Darlegungen in den vorhergehenden Abschnitten, vor allem die Verknüpfungen durch Hintereinander-, Parallel- bzw. Rückführschaltung bilden die Voraussetzung für die formale Betrachtung eines Regelkreises.

Zunächst wird aber das Prinzip der Regelung erläutert.

6.1. Regelung

Betrachtet werden Regelungen, die selbsttätig, also ohne direkte Einwirkung des Menschen, verlaufen. Die Aufgabe einer Regelung besteht nun darin, daß in einem abgegrenzten System eine physikalische Größe entweder mit vorgeschriebener Genauigkeit nach einer vorgegebenenen Zeitfunktion verändert oder im speziellen Falle konstant gehalten wird. Zum Wesen der Regelung gehört, worauf ausdrücklich hingewiesen sei, daß ohne Vorhandensein einer Einrichtung zur Durchführung der Regelung die betreffende zu regelnde Größe ihren Wert verändern kann. Größen, die aus physikalischen Gründen schon von sich aus konstant bleiben, wie der Siedepunkt des Wassers bei unveränderten Bedingungen, sind also ausgeschlossen. Bei einer Regelung soll die zu regelnde Größe in jedem Zeitpunkt einen bestimmten aufgabengemäßen Wert annehmen. Um eine Regelung durchführen zu können, muß daher gemessen werden, welchen Wert die vorgegebene physikalische Größe zur Zeit t wirklich besitzt. Dieser Weg muß mit dem zum gleichen Zeitpunkt geforderten verglichen werden. Sofern Differenzen vorhanden sind, wird in das Regelungssystem so eingegriffen, daß die unerwünschte Abweichung abgebaut wird. Der dazu erforderliche Wirkungsablauf vollzieht sich in einer geschlossenen Kette, dem Regelkreis. Innerhalb des Regelkreises wird daher stets gemessen, verglichen und gestellt.

6.2. Regelkreis

Um nun die Wirkungsweise einer Regelung konkreter behandeln zu können, sind in Abb. 6.1 zwei mit gezielter Unschärfe versehene, ohne Benutzung des Symbols der Mischstelle (5.4.2. und 5.3.), angelegte Darstellungsformen eines Regelkreises angeführt. Er enthält die beiden Blöcke „Regelstrecke“ und „Regeleinrichtung“, auf die noch ausführlich eingegangen wird. Zunächst sollen aber einige zur Beschreibung des Regelkreises benötigte Größen erklärt werden.

Die zu regelnde physikalische Größe, die *Regelgröße* x, soll in jedem Zeitpunkt t einen bestimmten aufgabengemäßen Wert annehmen. In Tabelle 6.1 sind Beispiele von Regelgrößen angeführt.

Als *Führungsgrößen* werden solche Größen bezeichnet, denen aufgabengemäß die durch die Regelung beeinflußten Größen ständig folgen oder angeglichen werden.

Tab. 6.1.

Regelgröße	Regelstrecke	Anwendungsgebiet
Spannung Frequenz Frequenzintegral Wirleistung Blindleistung $\cos\varphi$	Generator	Elektroenergiewesen
Flüssigkeitsstand Dampfdruck Dampftemperatur Feuerraumdruck	Kessel	Elektroenergiewesen
Kurs Geschwindigkeit Beschleunigung Höhe bzw Tiefe	Fahrzeug	Verkehrswesen
Temperatur Druck Stoffkonstanten Konzentration pH-Wert	Reaktionsgefäß	chemische Industrie
Temperatur	Heizung Durchlauferhitzer Kühlschrank Backofen	Haushalt
Verstärkungsgrad Lautstärke Modulationsgrad	Nachrichtengerät	Nachrichtentechnik

Die Regelung übt jedoch ihrerseits auf die Führungsgröße keinen Einfluß aus. Ist eine Führungsgröße eine Konstante, so wird sie *Sollwert* genannt.

Die Abweichung des Istwertes der Regelgröße x vom

Momentanwert der Führungsgröße ist die Regelabweichung x_ω, wobei $x_w = x - w$.

Während es sich bei der Führungsgröße um eine aufgabengemäße Einwirkung handelt, üben auch noch andere Größen von außen her einen Einfluß aus, die summarisch als *Störgrößen* bezeichnet werden. Die spezi-

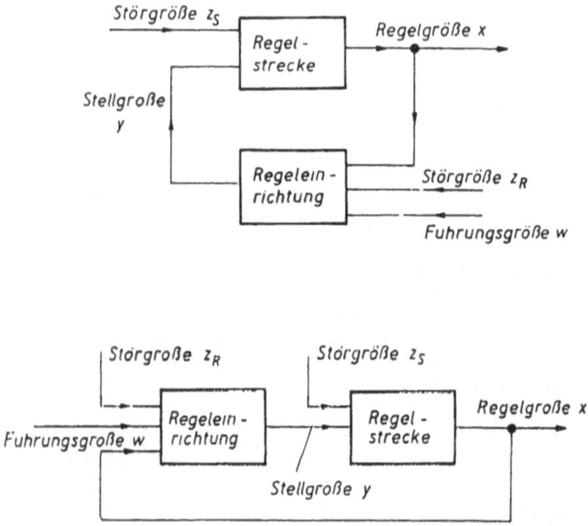

Abb. 6.1. Darstellung des Regelkreises (Variante a) (Variante b)

fische Aufgabe der Regelung liegt nun gerade in der Bekämpfung des Einflusses der Störgrößen. Die auf die Regelstrecke wirkende Störgröße ist in Abb. 6.1 mit z_s bezeichnet, die auf die Regeleinrichtung gelangende mit z_R.

6.2.1. Regelstrecke

Innerhalb der Gesamtheit der Glieder eines Regelkreises wird der Teil des Wirkungsweges, dem die aufgabengemäß zu beeinflussenden Glieder angehören,

Regelstrecke genannt. In den meisten Regelkreisen läßt sich ein Anlagenbereich abgrenzen, in dem die Regelgröße durch die Regelung beeinflußt wird. (Beispiele siehe Tabelle 6.1.) Es sei aber darauf hingewiesen, daß nicht in jedem Falle die Regelstrecke aus physikalischen Gesichtspunkten heraus gegen die Regeleinrichtung abgegrenzt werden kann, wie dies z. B. bei einem hier nicht näher zu behandelnden gegengekoppelten Verstärker oder automatischen Kompensator der Fall ist. Daher müssen in bezug auf die Abgrenzung von Regeleinrichtung und Regelstrecke gegebenenfalls Vereinbarungen getroffen werden. Wegen des Querschnittscharakters der Regelungstechnik lassen sich über die spezielle Differentialgleichung, durch die die Dynamik der gerade vorliegenden Regelstrecke beschrieben werden kann, von vornherein keine Aussagen machen. Hier wird vorausgesetzt, daß zur Approximation des dynamischen Verhaltens der Regelstrecke einer der Spezialfälle der Gleichung

$$A_0 x_a^{(n)} + A_1 x_a^{(n-1)} + \cdots + A_{n-1} \frac{\mathrm{d} x_a}{\mathrm{d} t} + A_n x_a$$

$$= B_m x_e + B_{m-1} \frac{\mathrm{d} x_e}{\mathrm{d} t} + \cdots + B_0 x_e^{(m)}$$

genügt. Die Frage der Ermittlung einer günstigen Annäherung der Dynamik einer industriellen Regelstrecke durch eine entsprechende Differentialgleichung kann hier nicht betrachtet werden, doch sei angeführt, daß angenähert für

a) eine Flüssigkeitsdruckregelstrecke (Kessel) $\quad G(p) = k$

b) eine Gasdruckregelstrecke (Kessel) $\quad G(p) = \dfrac{k}{1 + pT}$

c) eine Wasserstandsregelstrecke (Kessel) $\quad G(p) = \dfrac{k}{Tp}$

d) eine thermische Regelstrecke (industrieller Ofen, Reaktionsgefäß) $$G(p) = \frac{k}{T_a{}^2 p^2 + T_b p + 1}$$

gilt.

Während die Ausgangsgröße der Regelstrecke, nämlich die Regelgröße x, schon behandelt wurde, sei nun noch die *Stellgröße* y angeführt. Sie greift der Aufgabenstellung entsprechend über das Stellglied zwecks Beeinflussung einer Größe unmittelbar in einen Massenfluß oder Energiefluß in der Regelstrecke ein. Bemerkt sei, daß sich das Stellglied nicht immer gegen andere Anlagenteile, vor allem die Regelstrecke, abgrenzen läßt.

6.2.2. *Regeleinrichtung*

Offenbar kann eine Regelstrecke eines Prozesses ohne jede Hilfseinrichtung arbeiten, falls an den zeitlichen Verlauf der als Regelgröße in Betracht kommenden physikalischen Größe keine solchen Anforderungen gestellt werden, die eine äußere Einwirkung erfordern. Alle Bauelemente, die zusätzlich verwendet werden müssen, um in den Grenzen der Veränderlichkeit der Parameter der Regelstrecke den vorgeschriebenen Verlauf der Regelgröße zu bewirken, werden unter der Bezeichnung Regeleinrichtung zusammengefaßt. Die Regeleinrichtung ist also die gesamte Einrichtung, die den Regelvorgang an der Regelstrecke bewirkt. In diesem Sinne muß eine Regeleinrichtung zumindest einen Meßwandler und ein Vergleichsglied enthalten. Ein Verstärker kann vorhanden sein. Er liefert die zur Betätigung des Stellgliedes notwendige Leistung, wenn der Meßwandler dazu nicht in der Lage ist.

Als *Meßwandler* wird ein Bauglied mit einem Eingangssignal und einem Ausgangssignal bezeichnet. Diese beiden Signale unterscheiden sich durch die Dimension, den Informationsparameter oder seinen Wertebereich. Dementsprechend wird bei Wandlern, die in den Meßeinrichtungen von Regelungen vorhanden sind, von Meßwandlern gesprochen. Ein Wandler wird Umformer genannt, wenn er ein analoges Glied ist.

Das *Vergleichsglied* dient dazu, um zwischen der Regelgröße und einer Führungsgröße oder zwischen den Signalen dieser Größen einen Vergleich durchzuführen.

Der in den letzten Jahrzehnten benutzte Begriff „Regler" soll in Zukunft nur noch für ein Gerät innerhalb einer Regeleinrichtung benutzt werden, wenn er mehrere Aufgaben der Regeleinrichtung zusammenfaßt und dabei die wesentliche Verarbeitung des Signals der Regelabweichung x_w vornimmt.

Ähnlich wie die Regelstrecken kann auch die Regeleinrichtung in ihrem dynamischen Verhalten durch entsprechende Gleichungen beschrieben werden. Im folgenden werden Fälle behandelt, die bei den Anwendungen besondere Bedeutung besitzen.

6.2.2.1. Proportionalwirkende Regeleinrichtung (P-Regeleinrichtung)

Ausgegangen wird von der Gleichung (3.7)

$$x_a = kx_e$$

bzw. bei Vorhandensein von Trägheit 1. Ordnung von der Gleichung (3.8)

$$T\,\frac{\mathrm{d}x_a}{\mathrm{d}t} + x_a = kx_e.$$

Bei der proportionalwirkenden Regeleinrichtung ist Eingangsgröße die Regelabweichung x_w und Ausgangsgröße die Stellgröße y. Damit ergibt sich bei der trägheitsfreien P-Regeleinrichtung entsprechend Gleichung (3.7) die Beziehung

$$y = k_R \cdot x_w, \tag{6.1}$$

die in Abb. 6.2 dargestellt ist.

Bei Vorhandensein einer Verzögerung 1. Ordnung in der Regeleinrichtung ergibt sich statt Gleichung (3.8)

$$T \frac{\mathrm{d}y}{\mathrm{d}t} + y = k_R x_w. \tag{6.2}$$

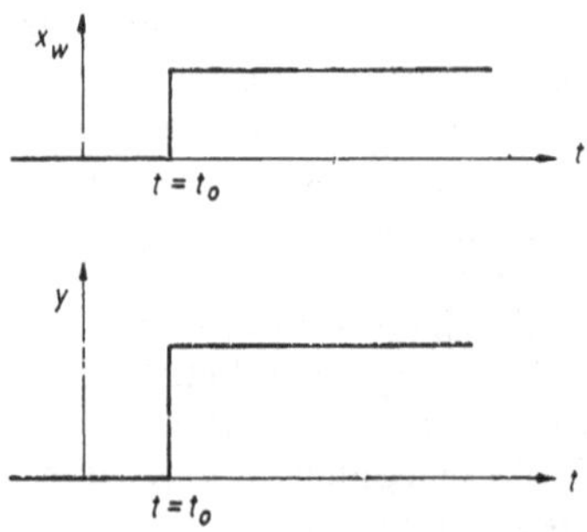

Abb. 6.2. Proportionalwirkende Regeleinrichtung

In diesem Zusammenhang sei ferner der Begriff des Proportionalbereiches X_p angeführt. Der P-Bereich ist der Bereich, um den sich die Regelgröße x oder ihr Signal ändern muß, damit die Stellgröße y den Stellbereich Y_h durchläuft, wie dies in Abb. 6.3 eingetragen ist.

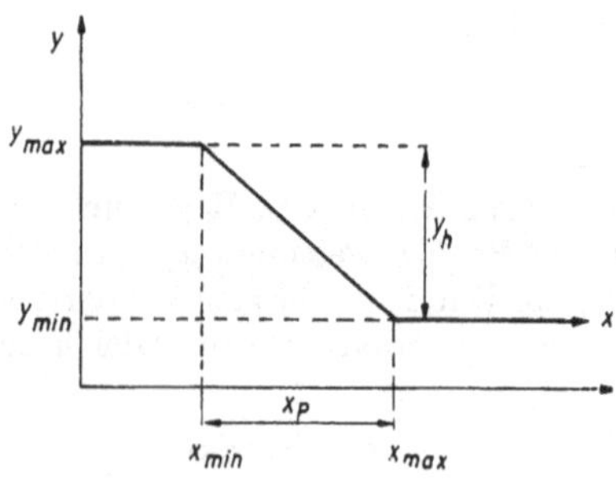

Abb. 6.3. Proportionalbereich $X(p)$

6.2.2.2. Integralwirkende Regeleinrichtung (I-Regeleinrichtung)

Integralwirkende Regeleinrichtungen zeigen ein ganz anderes dynamisches Verhalten als die P-Regeleinrichtung. Ausgegangen wird hier von der Gleichung (3.20) bzw. (3.19),

$$x_a = \frac{k}{T}\int x_e \, \mathrm{d}t$$

oder

$$T\,\frac{\mathrm{d}x_a}{\mathrm{d}t} = k x_e,$$

bzw. bei Vorhandensein einer Verzögerung von der Gleichung (3.21),

$$T_1 T_n \frac{\mathrm{d}^2 x_a}{\mathrm{d}t^2} + T_n \frac{\mathrm{d}x_a}{\mathrm{d}t} = k x_e$$

oder

$$T_1 \frac{\mathrm{d}x_a}{\mathrm{d}t} + x_a = \frac{k}{T_n}\int x_e \, \mathrm{d}t\,.$$

Entsprechend gilt für die idealisierte integralwirkende Regeleinrichtung (Abb. 6.4) die Gleichung

$$y = \frac{k_R}{T_n}\int x_w \, \mathrm{d}t \tag{6.3}$$

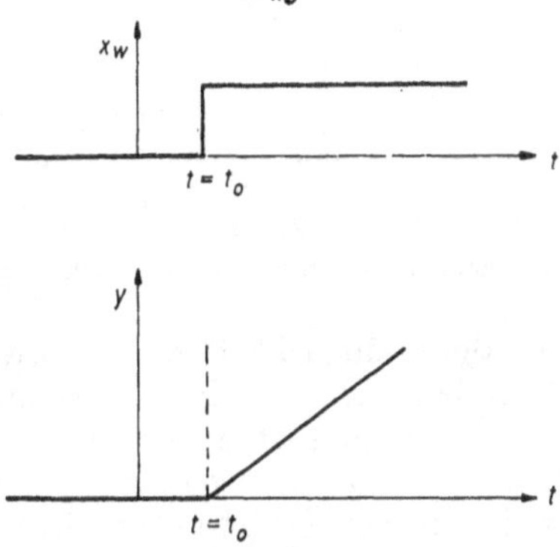

Abb. 6.4. Integralwirkende Regeleinrichtung

und bei Vorhandensein von Trägheit 1. Ordnung die Gleichung

$$T\frac{\mathrm{d}y}{\mathrm{d}t} + y = \frac{k_R}{T_n}\int x_w \,\mathrm{d}t. \tag{6.4}$$

(Über die Bedeutung von T_n siehe 6.2.2.3.)

6.2.2.3. Proportional-integralwirkende Regeleinrichtung (PI-Regeleinrichtung)

Da dem proportionalwirkenden und dem integralwirkenden Übertragungsglied entsprechende Regeleinrichtungen angewendet werden, liegt die Frage nahe,

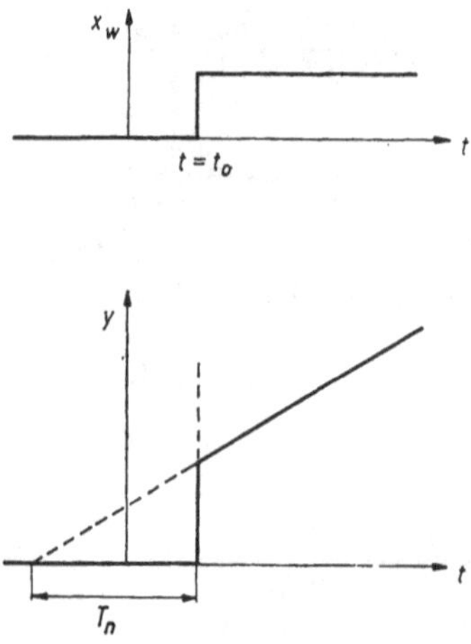

Abb. 6.5. Proportional-integralwirkende Regeleinrichtung

ob dies die einzigen Möglichkeiten sind. Dies ist nicht der Fall. Es haben sich nämlich Regeleinrichtungen bewährt, in denen Kombinationen von *P*-, *I*- und *D*-Gliedern mit Vorteil verwendet werden.

Anschließend soll ein Übertragungsglied betrachtet werden, bei dem neben dem *P*-Anteil auch noch ein

I-Anteil additiv wirksam wird. Es gilt also für ein PI-Glied (Abb. 6.5)

$$x_a = k\left(x_e + \frac{1}{T_n}\int x_e \, \mathrm{d}t\right) \tag{6.5}$$

und bei Vorhandensein von Trägheit

$$T\frac{\mathrm{d}x_a}{\mathrm{d}t} + x_a = k\left(x_e + \frac{1}{T_n}\int x_e \, \mathrm{d}t\right) \tag{6.6}$$

bzw.

$$T T_n \frac{\mathrm{d}^2 x_a}{\mathrm{d}t} + T_n \frac{\mathrm{d}x_a}{\mathrm{d}t} = k\left(T_n \frac{\mathrm{d}x_e}{\mathrm{d}t} + x_e\right).$$

Wie später noch genauer nachgewiesen wird, läßt sich durch die Verwendung des P-Anteils und des I-Anteils in der Regeleinrichtung eine wesentliche Änderung, und zwar eine beträchtliche Verbesserung des dynamischen Verhaltens des geschlossenen Regelkreises bewirken. Die PI-Regeleinrichtung stellt nämlich wie die P-Regeleinrichtung den Wert der Stellgröße proportional der Regelabweichung ein und addiert zu diesem einen weiteren Wert, der wie bei der I-Regeleinrichtung dem Zeitintegral der Regelabweichung entspricht. Dementsprechend ergibt sich für eine ideale PI-Regeleinrichtung bei sprungförmiger Veränderung der Regelabweichung x_w das Übergangsverhalten nach Abb. 6.5, aus dem die additive Überlagerung des P- und des I-Anteiles ersichtlich ist. Die den I-Anteil charakterisierende geneigte Halbgerade ist bis zum Schnittpunkt mit der Zeitachse verlängert. Der Abschnitt der Zeitachse vom Zeitpunkt t_0 bis zum Schnittpunkt t_1 heißt *Nachstellzeit* T_n, die offensichtlich gleich Null ist, wenn der proportionalwirkende Anteil fehlt. Andererseits ist der Einfluß des integralwirkenden Anteiles um so kleiner, je größer die Nachstellzeit T_n ist. Wird $T_n = \infty$, so ist kein I-Anteil vorhanden.

Daß der P-Anteil und die wirksame Nachstellzeit voneinander unabhängig sind, geht aus der Gleichung für die PI-Regeleinrichtung hervor:

$$y = k_R \left(x_w + \frac{1}{T_n} \int x_w \, \mathrm{d}t \right). \tag{6.7}$$

Enthält die PI-Regeleinrichtung ein Trägheitsglied 1. Ordnung, so ergibt sich statt Gleichung (6.7)

$$T \frac{\mathrm{d}y}{\mathrm{d}t} + y = k_R \left(x_w + \frac{1}{T_n} \int x_w \, \mathrm{d}t \right). \tag{6.8}$$

6.2.2.4. *Proportionalwirkende Regeleinrichtung mit differenzierendem Einfluß (PD-Regeleinrichtung)*

Zu dem P-Glied läßt sich statt des I-Anteiles auch ein D-Anteil, ein differenzierender Anteil, addieren. Für das so entstandene PD-Glied ergibt sich die Gleichung

$$x_a = k \left(x_e + T_v \frac{\mathrm{d}x_e}{\mathrm{d}t} \right) \tag{6.9}$$

oder bei Vorhandensein eines Trägheitsgliedes 1. Ordnung die Gleichung

$$T \frac{\mathrm{d}x_a}{\mathrm{d}t} + x_a = k \left(x_e + T_v \frac{\mathrm{d}x_e}{\mathrm{d}t} \right). \tag{6.10}$$

In Regelkreisen werden Regeleinrichtungen mit PD-Verhalten eingesetzt, weil sich unter Benutzung des differenzierenden Einflusses die dynamischen Eigenschaften der PD-Regeleinrichtung so wählen lassen, daß eine erhebliche Verbesserung der Arbeitsweise des geschlossenen Regelkreises eintritt.

Wird an eine ideale, technisch nicht zu verwirklichende PD-Regeleinrichtung ein Eingangssignal in Form des Einheitssprunges gelegt, so ergibt sich bei der Übergangsfunktion (Abb. 6.6) infolge des D-Einflusses zur Zeit $t = t_0$ ein impulsförmiger Verlauf der Stellgröße y, der dann bei Zeiten $t > t_0$ den Wert y des vorgeschriebenen P-Anteiles annimmt. Die Verwendung der Sprungfunktion als Eingangsgröße x_w ist also nicht zweckmäßig.

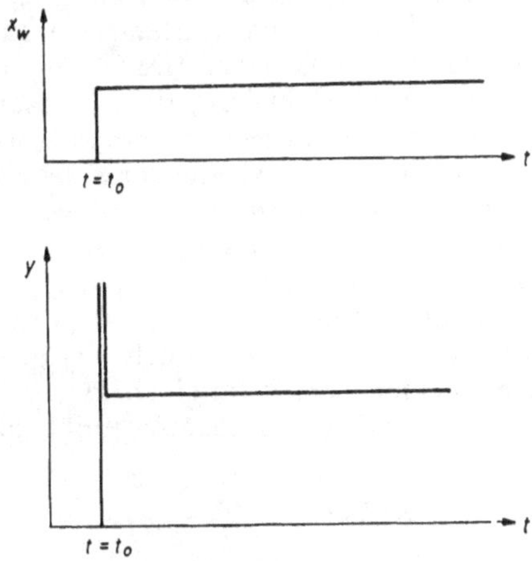

Abb. 6.6. Proportionalwirkende Regeleinrichtung mit differenzierendem Einfluß (PD-Regeleinrichtung)

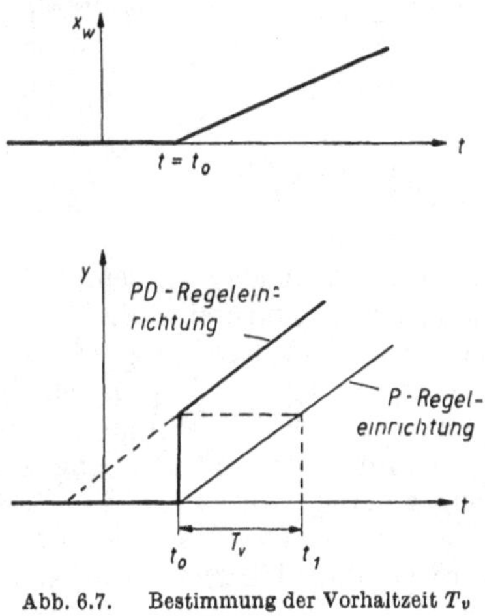

Abb. 6.7. Bestimmung der Vorhaltzeit T_v

Gewählt wird daher zur Testung einer PD-Regeleinrichtung die Rampenfunktion $x_w = a \cdot t$, die von $t = t_0$ ab linear anwächst (Abb. 6.7). Damit ergibt sich der zeitliche Verlauf für die Regelabweichung x_w und die Stellgröße y. Als Antwort auf die Rampeneingangsfunktion springt die Stellgröße y auf Grund des D-Anteiles und der Unstetigkeit der Ableitung der Rampenfunktion, um dann wegen des P-Anteiles zeitproportional weiter zu wachsen. Der Grad der Verwendung des D-Anteiles wird durch die *Vorhaltzeit* T_v festgelegt. Sie wird erhalten, indem gemäß Abb. 6.7 eine Parallele zur Zeitachse gezogen wird, von der die Vorhaltzeit $T_v = t_2 - t_1$ abgeschnitten wird. Auf Grund des D-Anteils wird also der Wert der Stellgröße y_1 um die Vorhaltzeit $T_v = t_2 - t_1$ früher erreicht als mit dem P-Anteil allein.

Für die idealisierte Regeleinrichtung ergibt sich

$$y = k_R \left(x_w + T_v \frac{\mathrm{d}x_w}{\mathrm{d}t} \right) \tag{6.11}$$

bzw. bei Vorhandensein eines Trägheitsgliedes

$$T \frac{\mathrm{d}y}{\mathrm{d}t} + y = k_R \left(x_w + T_v \frac{\mathrm{d}x_w}{\mathrm{d}t} \right). \tag{6.12}$$

6.2.2.5. PID-Regeleinrichtung

Da nach dem Vorstehenden zu dem P-Anteil sowohl ein I-Anteil als auch ein D-Anteil addiert werden können, um das dynamische Verhalten des geschlossenen Regelkreises zu verbessern, liegt die Frage nahe, ob denn nicht überhaupt eine PID-Regeleinrichtung anzustreben sei. In der Tat sind unter ihrer Verwendung gute Möglichkeiten für eine günstige Auslegung des Regelkreises in bezug auf das Zeitverhalten gegeben, weil die relativ höchste Zahl disponibler Parameter vorhanden ist.

Die Gleichung des *PID*-Gliedes lautet offenbar

$$x_a = k\left(x_e + \frac{1}{T_n}\int x_e \,\mathrm{d}t + T_v \frac{\mathrm{d}x_e}{\mathrm{d}t}\right), \tag{6.13}$$

$$y_a = k_R\left(x_w + \frac{1}{T_n}\int x_w \,\mathrm{d}t + T_v \frac{\mathrm{d}x_e}{\mathrm{d}t}\right). \tag{6.14}$$

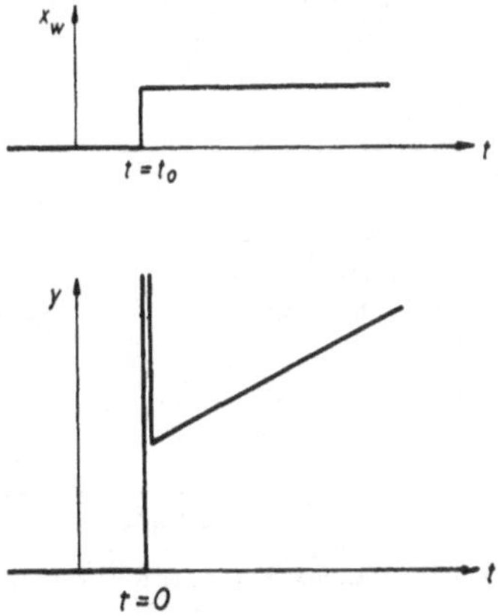

Abb. 6.8. PID-Regeleinrichtung

Die Abb. 6.8 zeigt die Übergangsfunktion einer idealen *PID*-Regeleinrichtung. Daraus ist die Nachstellzeit T_n zu entnehmen, während die Vorhaltzeit T_v in der eben erläuterten Art und Weise getrennt ermittelt wird. In technischen Regelkreisen mittleren Schwierigkeitsgrades wird die *PID*-Regeleinrichtung den Möglichkeiten entsprechend bevorzugt eingesetzt.

6.3. Beispiel

Die in den Abschnitten 6.1 und 6.2 angeführten Begriffsbestimmungen sollen nun an einem aus dem technischen Bereich stammenden Beispiel in Varianten erläutert werden. Aus Gründen der gerätemäßigen Anschaulichkeit wird eine mittels einfacher mechanischer bzw. hydraulischer Bauelemente verwirklichte Drehzahlregelung einer Kraftmaschine behandelt, deren Drehzahl von der Energiezufuhr und von der Belastung P abhängt. In Abb. 6.9 sind diese Abhängigkeiten dargestellt. Eingetragen ist die Solldrehzahl n_s bei der Nennlast P_N, wobei die Energie E_{ki} zugeführt wird, die die i-te Kenn-

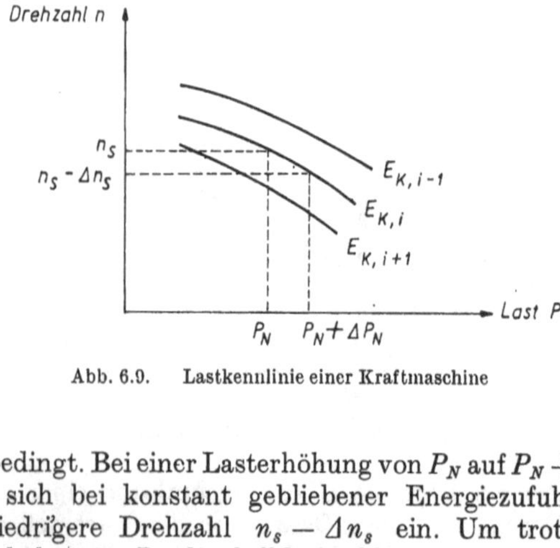

Abb. 6.9. Lastkennlinie einer Kraftmaschine

linie bedingt. Bei einer Lasterhöhung von P_N auf $P_N + \Delta P_N$ stellt sich bei konstant gebliebener Energiezufuhr E_{ki} die niedrigere Drehzahl $n_s - \Delta n_s$ ein. Um trotz der Lasterhöhung ωP_N die Solldrehzahl n_s wieder zu erreichen, muß die Energiezufuhr so erhöht werden, daß sich die Kennlinie E_{ki-1} einstellt. Bei ihr ergibt sich bei der Last $P_N + \Delta P_N$ die Solldrehzahl n_s. Die zusätzliche automatische Regelung soll nun den von der Belastung abhängigen Abfall der Drehzahl, wenn auch nicht völlig beseitigen, so doch zumindest auf einen zulässigen Wert vermindern. In welchem Maße dies verwirklicht werden kann, wird wesentlich durch die Art der für die Regeleinrichtung verwendeten Mittel bedingt. Daher sollen auch mehrere Varianten der Kraftmaschinenregelung betrachtet werden.

6.3.1. 1. Variante (Abb. 6.10)

Regelstrecke ist die Kraftmaschine, deren Drehzahl konstant gehalten werden soll. Zur Regeleinrichtung gehört ein Meßwandler, im vorliegenden Falle ein Fliehkraftpendel T, mit dem die Drehzahl n der Arbeitsmaschine gemessen wird. Das Fliehkraftpendel besitzt zwei an Armen angebrachte, um eine senkrechte Achse rotierende Massen(Kugeln). Der Drehzahl n entsprechend

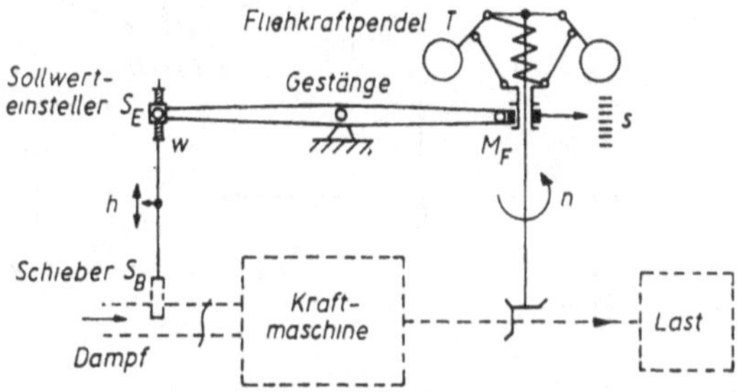

Abb. 6.10. Drehzahlregelung 1. Variante (Prinzipbild)

heben sich die Massen und nehmen die zugeordnete Höhe an, die auf die Muffe M_F übertragen wird. Durch ein Gestänge ist die Muffe M_F mit dem Stellglied, einem Schieber S_B, starr verbunden. Bei steigender Drehzahl, etwa auf Grund verminderter Belastung, wird also die Muffe M_F angehoben und entsprechend der Schieber S_B gesenkt, so daß die Dampfzufuhr gedrosselt wird. Infolgedessen geht die Drehzahl der Kraftmaschine zurück usw. Beim Einsatz einer solchen Regelung sind Nennlast L_N und die Solldrehzahl n_s vorgegeben. Zur mittelbaren Einstellung des Sollwertes von n_s dient der Sollwerteinsteller S_E, durch dessen Betätigung die zur Erreichung der vorgegebenen Drehzahl erforderliche Eintauchtiefe des Schiebers S_B einjustiert wird. Der Vergleicher liefert also die Differenz h zweier Längen, nämlich der Anhebung s der Muffe einerseits und der Längeneinstellung w am Sollwerteinsteller S_E andererseits.

Es erhebt sich nun die Frage nach der Neigung der Last-Drehzahl-Kennlinie einer Kraftmaschine mit bzw. ohne Verwendung einer Regeleinrichtung, oder anders

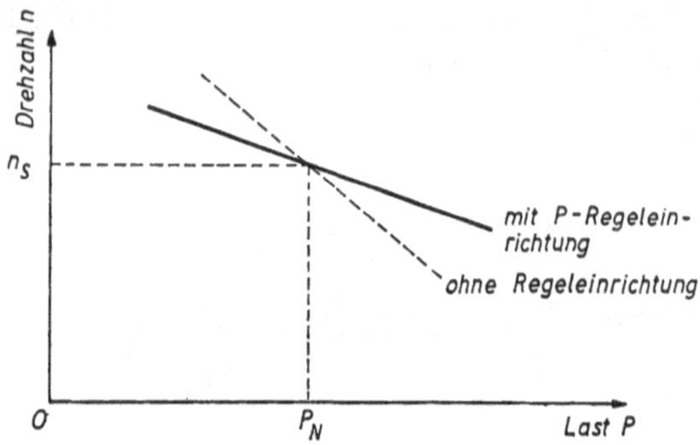

Abb. 6.11. Lastabhängigkeit einer Kraftmaschine im Regelkreis mit P-Regeleinrichtung (linearer Abschnitt)

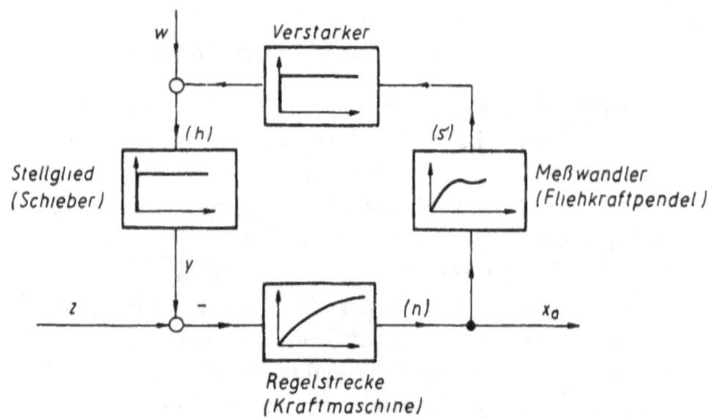

Abb 6.12. Signalflußbild der 1 Variante

ausgedrückt, mit bzw. ohne Bildung eines Regelkreises. Offenbar fällt bei Vorhandensein einer Regelung die Kennlinienneigung kleiner aus (Abb. 6.11), denn es wird auf Grund der Messung der Drehzahl n durch Betätigung des Schiebers S_B zielstrebig so in die Energiezufuhr eingegriffen, daß die Lastabhängigkeit vermindert wird. Das Ausmaß der Wirksamkeit der Regelung und ihr linearer Bereich hängt von der technischen Auslegung ab und wird an dieser Stelle nicht betrachtet.

Nach der qualitativen Behandlung der Wirkungsweise der Variante 1 wird noch das Signalflußbild angeführt (Abb. 6.12), wobei

s den Weg der Muffe,
w die Stellung des Sollwerteinstellers,
z die Störgröße (Lastschwankung)

bedeuten.

Weiter sei noch das dynamische Verhalten der vorliegenden sehr einfachen Regeleinrichtung skizziert, die aus dem Fliehkraftpendel T, dem Hebel und dem Sollwerteinsteller S_E besteht. Offensichtlich besitzt sie proportionalwirkendes Verhalten mit Trägheit zweiter Ordnung, das durch Masse und Federung des Fliehkraftpendels T bedingt ist.

6.3.2. 2. Variante (Abb. 6.13)

Da die eben betrachtete Variante 1 in ihrer Leistungsfähigkeit beschränkt ist, wird nun die Variante 2 betrachtet, die in bestimmter zu erörternder Richtung eine Verbesserung darstellt. Die Anordnung nach Abb. 6.13 enthält nämlich eine zusätzliche Verstärkungseinrichtung, und zwar auf hydraulischer Grundlage, die bereits in Abschnitt 3.25 behandelt wurde. Die Anhebung der Muffe M bei Drehzahlerhöhung bzw. ihre Senkung bei Drehzahlerniedrigung wird hier auf den Doppelkolben übertragen. Bei Auslenkungen aus der Mittellage gibt der Doppelkolben dem Drucköl jeweils eine der Leitungen L_1 bzw. L_2 zu dem Stellmotor SM frei. Der in dem mit Öl gefüllten Zylinder befindliche Stellkolben, der seinerseits mit dem Schieber S_B mechanisch verbunden ist, wird mit dem durch L_1 bzw. L_2 fließenden Ölstrom angetrieben.

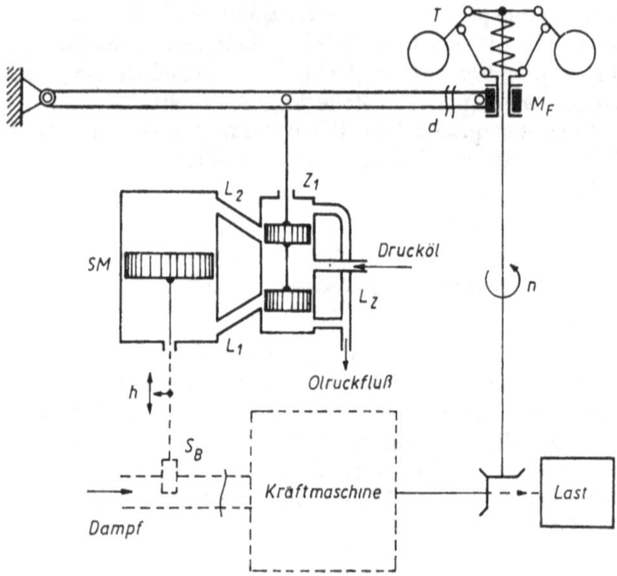

Abb. 6.13. Drehzahlregelung 2 Variante (Prinzipbild)

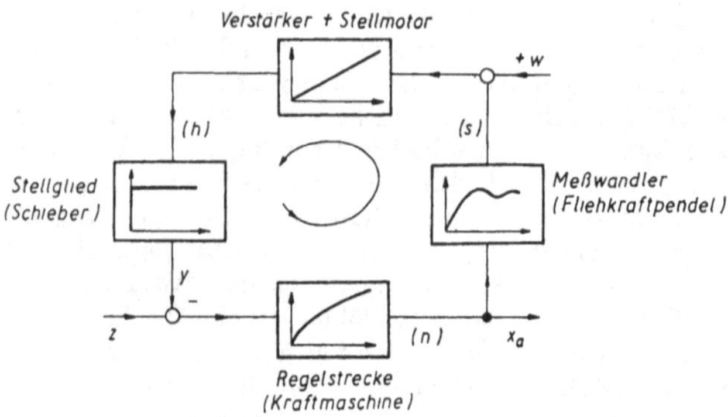

Abb. 6.14. Signalflußbild (2. Variante)

Der Stellkolben befindet sich nur in Ruhe, wenn der Doppelkolben in der Mittellage steht. Ist der Doppelkolben um einen festen Betrag (Weg) ausgelenkt, so läuft der Stellmotorkolben mit einer entsprechenden Geschwindigkeit aus. Die aus Verstärkern und Stellmotor bestehende Anordnung zwischen dem Gestängepunkt d und dem Schieber S_B zeigt also integrales Verhalten.

Das Signalflußbild der 2. Variante ist in Abb. 6.14 angegeben. Die Variante 2 unterscheidet sich also von der Variante 1 in wichtigen Punkten.

1. In der Variante 1 mußte die Leistung zur Verstellung des Schiebers von dem Fliehkraftpendel direkt aufgebracht werden. Dementsprechend mußte der Meßwandler so dimensioniert werden, daß er hinreichend leistungsstark ist. Ein solches Verfahren ist jedoch nur in Ausnahmefällen günstig. Vorteilhafter ist die Verwendung eines Verstärkers mit einer Leistungsverstärkung groß gegen Eins. In diesem Falle braucht der Meßwandler nur eine entsprechend kleine Leistung abzugeben, um das Stellglied auszusteuern und die Genauigkeit der Regelung kann gesteigert werden, worauf später noch genauer eingegangen wird.
2. Die Regeleinrichtung der Variante 2 besitzt ein anderes zeitliches Verhalten als die der Variante 1. Dies ergibt sich unmittelbar daraus, daß der Verstärker integrales Verhalten besitzt. Wenn noch zusätzlich Trägheitswirkungen berücksichtigt werden sollen, so wird zur Beschreibung der dynamischen Verhältnisse die Gleichung (3.21) herangezogen, zu der eine Übergangsfunktion nach Abb. 3.15 gehört.
3. Die Abhängigkeit der Drehzahl von der Last gestaltet sich anders als in der ersten Variante. Nach Auftreten einer Drehzahländerung wird der Doppelkolben aus seiner Mittelstellung, nämlich seiner Abdeckstellung, gebracht, worauf der Stellmotorkolben mit entsprechender Geschwindigkeit so lange verschoben wird, bis der Schieber die zur Erreichung der vorgeschrie-

benen Drehzahl notwendige Dampfmenge durchströmen läßt. Dann decken die Kolben des Doppelkolbenschiebers die Öffnungen der Rohrleitungen L_1 und L_2 ab, so daß der Ölzufluß zum Stellmotorzylinder gestoppt wird und Kolben und Schieber in der angenommenen Lage verharren. Tritt eine neue Drehzahl-

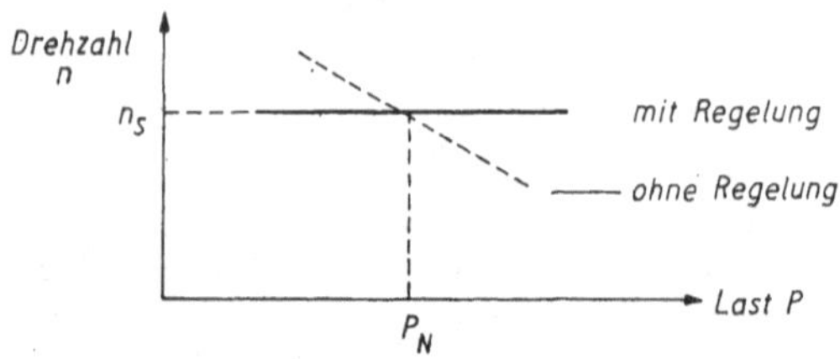

Abb. 6.15. Lastabhängigkeit der Drehzahl (2. Variante)

änderung ein, so wiederholt sich der Vorgang in entsprechender Weise. Innerhalb des Betriebsbereiches erigbt sich daher im quasistationären Betrieb eine Lastkennlinie, die nach Abb. 6.15 bei veränderlicher Last eine konstante Drehzahl aufweist.

4. Der zusätzliche Verstärker bedarf einer Hilfsenergie, und zwar im vorliegenden Falle einer Druckenergie. Die ölhydraulische Pumpe liefert das zur Betätigung des Stellmotors *SM* erforderliche und durch den Doppelkolbenschieber gesteuerte Drucköl. Der zusätzliche Stellmotor ist erforderlich, da zwischen Verstärker und Stellglied eine Energieumwandlung vorgenommen werden muß, und zwar im vorliegenden Falle von Druckenergie in mechanische Energie.

6.3.3. 3. Variante (Abb. 6.16)

Die Variante 3 unterscheidet sich von der vorigen dadurch, daß nicht nur der Doppelkolbenschieber, sondern auch der Stellmotorkolben über den Hebel mit der Muffe des Fliehkraftpendels verbunden ist (Abb. 6.16). Dadurch ergibt sich eine sogenannte starre Rückführung. In dem zugehörigen Signalflußbild (Abb. 6.17) ist die starre Rückführung, die zusätzlich je eine Misch- und eine Verzweigungsstelle bringt, eingetragen.

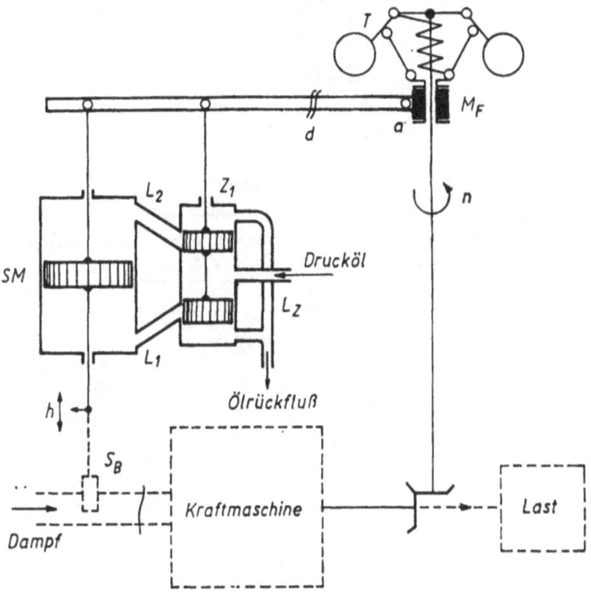

Abb. 6.16. Drehzahlregelung 3. Variante (Prinzipbild)

Um das Zusammenwirken von Doppelkolbenschieber, Stellmotor und Rückführung zu übersehen, wird ähnlich wie vorher verfahren. Das Gestänge wird an dem Punkt d aufgeschnitten gedacht. Wenn nun der Gestängepunkt d zum Zeitpunkt $t = t_0$ sprungförmig nach unten ausgelenkt (Abb. 6.18a) und dann festgehalten wird, so wird die Ölleitung L_1 freigegeben. Der Stellmotorkolben (Abb. 6.18c) bewegt sich nach oben, aber bei dieser Variante nicht mit konstanter, sondern abfallender Geschwindigkeit (Abb. 6.18d), da gleichzeitig die bei $t = t_0$ vorgenommene sprungförmige Bewegung des

Doppelkolbenschiebers nach unten zurückgenommen wird (Abb. 6.18b). Bei Anwesenheit der starren Rückführung strebt also nach einer sprungförmigen Auslenkung

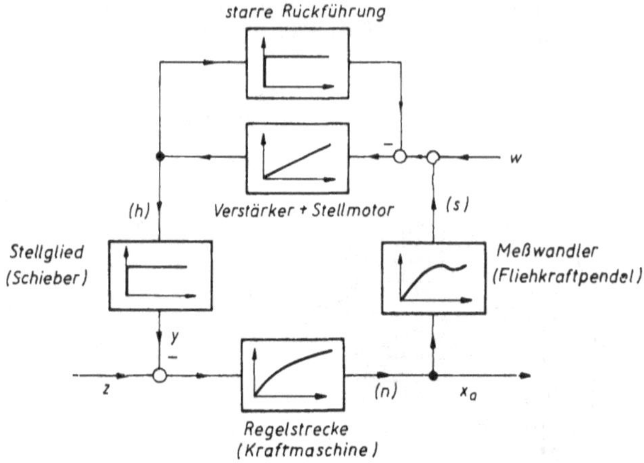

Abb. 6.17. Signalflußbild (3. Variante)

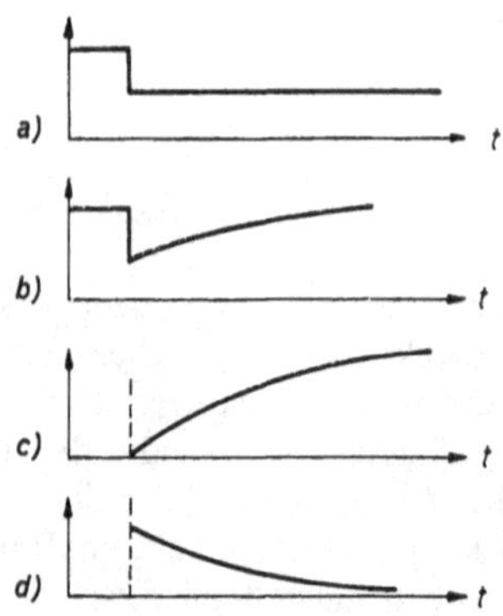

Abb. 6.18. Grafische Darstellung des Verhaltens der starren Rückführung
a) Auslenkung des Punktes *d*
b) Auslenkung des Doppelkolbenschiebers
c) Lage des Stellmotorkolbens SM
d) Geschwindigkeit des Stellmotorkolbens SM

des Punktes *d* der Stellmotorkolben einer neuen stationären Lage zu. Es liegt daher *P*-Verhalten vor. Durch die Anwendung der starren Rückführung ist also das *I*-Verhalten beseitigt und *P*-Verhalten erhalten worden.

6.3.4. 4. Variante (Abb. 6.19)

Während in der dritten Variante eine starre Rückführung vorgesehen war, wird hier in der 4. Variante eine nachgebende Rückführung verwendet, die durch Glei-

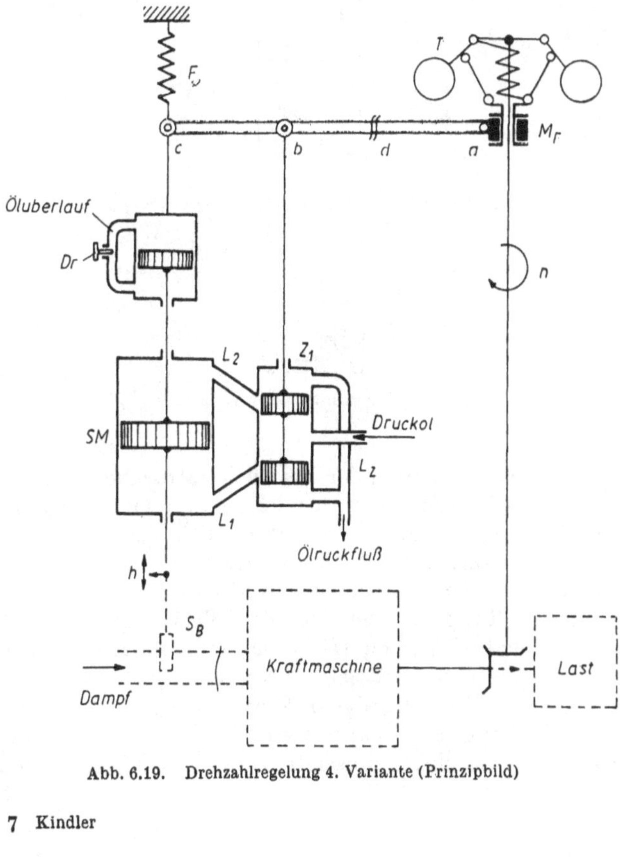

Abb. 6.19. Drehzahlregelung 4. Variante (Prinzipbild)

chung (3.25) beschrieben wird. Aus Abb. 6.19 geht hervor, wie die nachgebende Rückführung, nämlich die in Abb. 3.20 beschriebene Ölbremse, in den Regelkreis eingeführt wird. Der Rückführkolben ist mit dem Stellmotorkolben fluchtend verbunden, und weiter der Deckel des Rückführzylinders im Punkt c mit dem Gestänge und mit dem einen Ende der Rückführfeder F, während deren anderes Ende gehäusefest ist. Erfahrungsgemäß läßt sich durch die Einstellung der Drossel Dr im Öl-

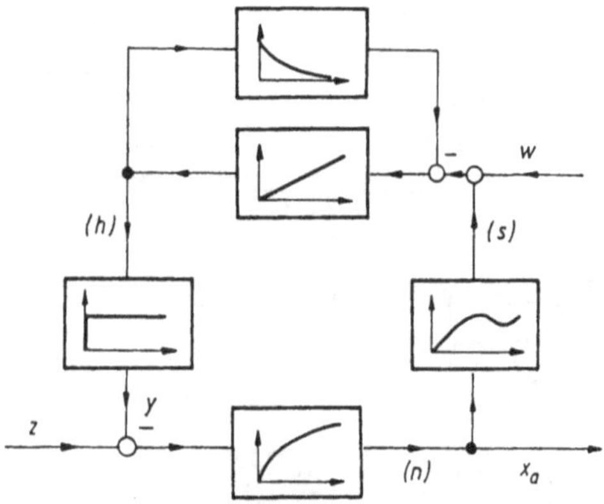

Abb. 6.20. Signalflußbild 4. Variante

überlauf das Verhalten der aus Fliehkraftpendel, Doppelkolbenschieber, Stellmotor und Rückführeinrichtung bestehenden Regeleinrichtung beträchtlich verändern, und zwar verbessern. Was die Wirkungsweise der Variante 4 betrifft, so liegt in dem einen Extremfall, dem des gesperrten Überlaufes, wie bei den Varianten 1 und 3 proportionale Wirkung (P-Verhalten) vor. Ist dagegen bei voll geöffneter Drossel der Strömungswiderstand des Überlaufes vernachlässigbar klein, so ergibt sich integrale Wirkung (I-Verhalten) wie bei Variante 2. Bei gedrosseltem Durchfluß durch die Drossel sind dann sowohl ein *P*-Anteil als auch ein *I*-Anteil vorhanden. Daher wird eine solche Regeleinrichtung *PI*-Regeleinrichtung (proportional-integralwirkende Regeleinrichtung) genannt.

Das Signalflußbild der 4. Variante ist in Abb. 6.20 angegeben. Varianten mit differenzierendem Anteil (*D*-Anteil) werden in diesem Zusammenhang nicht erörtert.

Es kann also zusammenfassend gesagt werden, daß sich in den vier Varianten des Beispiels einige Begriffe, die bei der Beschreibung eines Regelkreises benötigt werden, veranschaulichen ließen. Über die Zusammenarbeit der Regelstrecke — der Arbeitsmaschine mit einer *P*-, *I*- oder *PI*-Regeleinrichtung waren aber noch keine begründeten Aussagen möglich. Das bleibt den folgenden Abschnitten vorbehalten.

7. Stabilität

Von den in Abschnitt 3 behandelten Elementargliedern wurde das dynamische Verhalten betrachtet und jeweils die Abhängigkeit zwischen Eingangsgröße x_e und Ausgangsgröße x_a angegeben. Bei den Kombinationen aus Elementargliedern, nämlich der Reihenschaltung und der Parallelschaltung sind die Verhältnisse in bezug auf das dynamische Verhalten im Grunde kaum komplizierter.

Anders liegen die Dinge bei der Gegenschaltung, vor allem, wenn es sich um eine aktive Struktur handelt, also eine Hilfsenergiequelle (z. B. Batterie) vorhanden ist.

Der Regelkreis, auf dessen Verwandtschaft mit der Gegenschaltung hingewiesen wurde, muß also die Einstellung der Regelgröße zumindest dem Sinne nach der Aufgabenstellung entsprechend vornehmen. So muß er z. B. nach einer hinreichend kleinen, zeitweilig aufgedrückten Einwirkung, die ihn aus seinem stationären Zustand entfernte, — grob ausgedrückt — im Laufe der Zeit wieder einem stationären Zustand zustreben. Verhält sich der Regelkreis in dieser Weise, so wird er stabil genannt, anderenfalls ist er instabil. Der Begriff der Stabilität wird nun anschließend präzisiert.

7.1. Definition der Stabilität

Das Problem der Stabilität kann nach MALKIN folgendermaßen formuliert werden:

Betrachtet wird ein beliebiges dynamisches System, dessen Bewegung durch ein System von Differentialgleichungen beschrieben werden kann, das in Normalform

$$\frac{\mathrm{d}q_k}{\mathrm{d}t} = Q_k\,(t, q_1, \ldots, q_n) \quad (k = 1, 2, \ldots, n) \tag{7.1}$$

lautet und wo die q_k bestimmte mit der Bewegung verknüpfte Parameter, wie Koordinaten, Geschwindigkeiten oder Funktionen dieser Größen sind. Eine Bewegung des Regelungssystems, die einer partikulären Lösung $q_k = f_k(t)$ entspricht, wird als „ungestört" bezeichnet. Die anderen Bewegungen des Systems werden dementsprechend „gestört" genannt. Die Differenz zwischen den Werten der Größen q_k für die ungestörte Bewegung und eine der gestörten wird Störung genannt. Nun kann die folgende Definition angeführt werden. Die ungestörte Bewegung heißt stabil in bezug auf die Größen q_k, wenn sich zu jeder beliebig kleinen Zahl ε eine andere positive Zahl $\eta(\varepsilon)$ so angeben läßt, daß für alle gestörten Bewegungen $q_k = q_k(t)$, bei denen zur Anfangszeit $t = t_0$ die Ungleichungen

$$|q_k(t_0) - f_k(t_0)| \leqq \eta \tag{7.2}$$

gelten, für alle Zeiten $t > t_0$ die Ungleichungen

$$|q_k(t) - f_k(t)| < \varepsilon \tag{7.3}$$

erfüllt sind.

Wenn die ungestörte Bewegung nicht stabil ist, so heißt sie instabil. Dafür ist hinreichend, daß irgendeine feste Zahl ε und zu einem beliebig kleinem η mindestens eine gestörte Bewegung existiert, bei der die ersten Ungleichungen erfüllt sind und zu irgendeinem Zeitpunkt wenigstens eine der Ungleichungen (7.3) in eine Gleichung übergeht.

7.2. Lösung der gewöhnlichen linearen Differentialgleichung mit konstanten Koeffizienten

Die eben angeführte recht allgemeine Definition läßt sich auf einen Regelkreis nicht ohne weiteres anwenden. Um zu konkreten Aussagen zu gelangen, muß spezialisiert werden. Die hier vorgenommene Beschränkung liegt darin, daß nur solche Regelkreise betrachtet werden, die sich durch gewöhnliche lineare Differentialgleichungen mit konstanten Koeffizienten beschreiben lassen, also durch Gleichungen der Form

$$A_0 x_a^{(n)} + A_1 x_a^{(n-1)} + \cdots + A_{n-1} \frac{\mathrm{d}x_a}{\mathrm{d}t} + A_n x_a$$

$$= B_m x_e + B_{m-1} \frac{\mathrm{d}x_e}{\mathrm{d}t} + \cdots + B_0 x_e^{(m)} \qquad (7.4)$$

beschreiben lassen. Bei Betrachtung der freien Schwingungen (Pendelungen), also bei fehlender äußerer Einwirkung x_e, gilt die Gleichung

$$A_0 x_a^{(n)} + A_1 x_a^{(n-1)} + \cdots + A_{n-1} \frac{\mathrm{d}x_a}{\mathrm{d}t} + A_n x_a = 0. \qquad (7.5)$$

Die Lösung dieser homogenen Differentialgleichung (die Anfangsbedingungen seien ungleich Null) kann in der Form

$$x_a(t) = \sum_{i=1}^{n} C_i\, \mathrm{e}^{p_i t} \qquad (7.6)$$

geschrieben werden. Hier sind die C_i Integrationskonstanten und die p_i die Wurzeln der charakteristischen Gleichung. Der Einfachheit halber wird vorausgesetzt, daß nur einfache Wurzeln vorhanden sind. Die charakteristische Gleichung lautet dabei

$$A_0 p^n + A_1 p^{n-1} + \cdots + A_{n-1} p + A_n = 0 \qquad (7.7)$$

und unter Benutzung der n verschiedenen Wurzeln

$$A_0(p + p_1)(p + p_2) \cdots (p + p_n) = 0, \qquad (7.8)$$

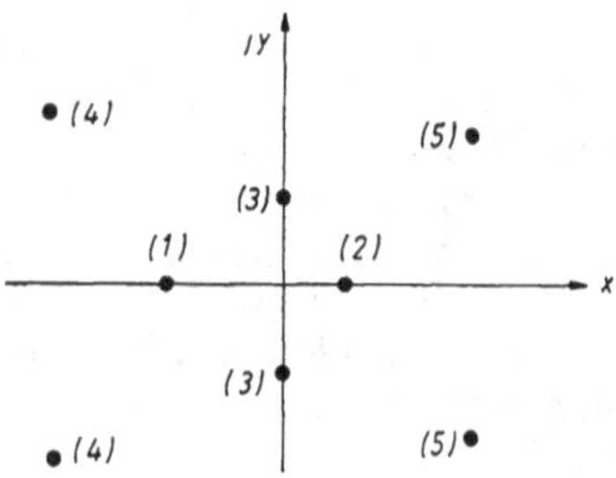

Abb. 7.1. Möglichkeiten für die Lage der Wurzeln in der GAUSSschen Zahlenebene

wo Wurzeln der folgenden Form vorkommen können.

1. $p = -x \qquad (= -\delta_0)$,
2. $p = +x \qquad (= \pm\delta_0)$,
3. $p = \pm jy \qquad (= \pm j\omega)$,
4. $p = -x \pm jy \quad (= -\delta_0 \pm j\omega)$,
5. $p = +x \pm jy \quad (= +\delta_0 \pm j\omega)$.

In Abb. 7.1 sind die verschiedenen Möglichkeiten der Lage der Wurzeln berücksichtigt. Damit nun der in einem linearen geschlossenen Regelkreis verlaufende dynamische Prozeß stabil ist, müssen alle Wurzeln der charakteristischen Gleichung einen negativen Realteil besitzen, also ausnahmslos in der linken Halbebene liegen.

Enthält die charakteristische Gleichung auch nur eine

einzige Wurzel oder ein einziges Wurzelpaar mit positivem Realteil, so ist der Regelvorgang instabil. Der Regelkreis ist in diesem Falle nicht verwendungsfähig, da er nach einer Auslenkung aus seinem stationären Zustand nicht mehr in ihn zurückkehrt, sondern sich auf Grund des Exponentalgliedes mit positivem Exponenten mit der Zeit immer mehr von ihm entfernt oder Schwingungen mit aufklingender Amplitude ausführt. (Dabei ist aber zu berücksichtigen, daß reale technische Einrichtungen immer nichtlinear sind, da sie nur in kleinen Bereichen „lineare" Kennlinien besitzen.)

Tritt außer Wurzeln mit negativem Realteil noch ein Paar rein imaginäre Wurzeln auf, so stellen sich ungedämpfte Schwingungen ein, womit der Grenzfall der Stabilität vorliegt. Vom Standpunkt des technischen Einsatzes aus ist ein Regelkreis, bei dem der Regelvorgang mit ungedämpften Pendelungen verläuft, bereits unbrauchbar.

Um also die Frage nach der Stabilität eines linearen Regelkreises entscheiden zu können, müssen die Wurzeln der charakteristischen Gleichung ermittelt werden. Besitzen alle Wurzeln einen negativen Realteil, so ist der betrachtete lineare Regelkreis stabil. Damit ist die Untersuchung der Stabilität im Prinzip durchgeführt.

Bei der Anwendung dieses Verfahrens zur Stabilitätsprüfung ergeben sich indes bestimmte Erschwerungen. So ist die Ermittlung der Wurzeln einer algebraischen höheren Grades ($n > 4$) zumindest mühsam, da dazu eines der bekannten Näherungsverfahren benutzt werden muß. Die Veränderung auch nur eines Koeffizienten A_ν der charakteristischen Gleichung bedingt u. U. langwierige Rechnungen. Daher ist vom Standpunkt der Anwendung die Frage nach Methoden, die der Untersuchung eines linearen Regelkreises besser angepaßt sind, durchaus berechtigt.

7.3. Stabilitätskriterien

Anschließend werden nun vier verschiedenartige Stabilitätskriterien betrachtet, zu deren Anwendung die Kenntnis der Wurzeln der charakteristischen Gleichung des Regelkreises *nicht* erforderlich ist.

1. Stabilitätskriterium nach HURWITZ

Zu seiner Benutzung wird die *Differentialgleichung* des *geschlossenen* linearen Regelkreises benötigt.

2. Stabilitätskriterium nach MICHAILOW-LEONHARD

Bei ihm muß ebenfalls die *Differentialgleichung* des linearen *geschlossenen* Regelkreises vorhanden sein.

3. Stabilitätskriterium nach NYQUIST

Ausgegangen wird von dem *Frequenzgang* des linearen *aufgeschnittenen* Regelkreises.

4. Stabilitätskriterium nach KÜPFMÜLLER

Vorgegeben ist die *Übergangsfunktion* des linearen *aufgeschnittenen* Regelkreises.

7.3.1. Stabilitätskriterium nach HURWITZ

Ausgegangen wird von der schon angeführten Differentialgleichung des geschlossenen sich selbst überlassenen Regelkreises:

$$A_0 x_a^{(n)} + A_1 x_a^{(n-1)} + \cdots + A_{n-1} \frac{\mathrm{d}x_a}{\mathrm{d}t} + A_n x_a = 0, \quad (7.5)$$

wobei also alle Eingangsgrößen

$$x_e = \frac{\mathrm{d}x_e}{\mathrm{d}t} = \cdots = x_e^{(m)} = 0$$

sind.

Da die Wurzeln der charakteristischen Gleichung durch die Koeffizienten $A_0, A_1, \ldots, A_n$ bestimmt werden, läßt sich die Frage aufwerfen, ob die Frage der Stabilität unter unmittelbarer Benutzung dieser Koeffizienten entschieden werden kann. Diese Frage löste A. HURWITZ bereits im Jahre 1895. Da der Beweis des allgemeinen Falles wegen seines Umfanges hier unterdrückt werden muß, wird an Gleichungen niedriger Ordnung gezeigt, worauf es ankommt.

Zunächst wird die Differentialgleichung 1. Ordnung betrachtet, deren charakteristische Gleichung lautet

$$A_0 p + A_1 = 0 .$$

Mit $A_0 > 0$ und $A_1 > 0$ ist

$$p = -\frac{A_1}{A_0},$$

also negativ.

Die zu einer Differentialgleichung 2. Ordnung gehörende charakteristische Gleichung 2. Grades lautet

$$A_0 p^2 + A_1 p + A_2 = 0$$

mit den Wurzeln

$$p_{1,2} = -\frac{A_1}{A_0} \pm \sqrt{\frac{A_1^2}{4A_0^2} - \frac{A_2}{A_0}}.$$

Mit $A_0 > 0$, $A_1 > 0$, $A_2 > 0$ und $A_1^2 - 4A_0A_2 > 0$ ergeben sich negative reelle Wurzeln.

Wenn $A_1^2 - 4A_0A_2 < 0$, sind konjugiert komplexe Wurzeln mit negativem Realteil vorhanden. Als Bedingung für die Stabilität des zugehörigen Regelkreises reicht also aus, daß die Koeffizienten A_0, A_1, A_2 das gleiche Vorzeichen besitzen.

Die Forderung, daß die Koeffizienten $A_0 \cdots A_n$ alle positiv und reell sind, ist bei charakteristischen Gleichungen mit $n \geqq 3$ zwar notwendig, aber *nicht* hinreichend für die Stabilität des Regelkreises.

Beispiel:

$$\begin{aligned}&(p + c)(p - a + jb)(p - a - jb)\\ &= p^3 + (c - 2a)p^2 + (a^2 + b^2 - 2ac)p + c(a^2 + b^2)\\ &= A_0 p^3 + A_1 \cdot p^2 + A_2 p + A_3 = 0.\end{aligned}$$

Obwohl also auf der linken Seite eine Doppelwurzel mit positivem Realteil a vorliegt, gibt es doch Bereiche für die Werte a, b, c, unter deren Verwendung die Klammerausdrücke der rechten Seite und damit auch alle vorhandenen Koeffizienten A_0, A_1, A_2, A_3 positiv sind.

Daher soll nun bei der charakteristischen Gleichung 3. Grades erörtert werden, welche zusätzlichen beschränkenden Forderungen für die Koeffizienten A_0, A_1, A_2, A_3 erfüllt sein müssen, damit alle Wurzeln der Gleichung

$$A_0 p^3 + A_1 p^2 + A_2 p + A_3 = 0 \qquad (7.9)$$

einen negativen Realteil besitzen. Die Betrachtung des Grenzfalles der Stabilität, wobei eine Doppelwurzel $\pm j\omega$ auftritt, bietet sich dabei als einfachste Möglichkeit der Untersuchung an. Dazu wird $p = j\omega$ gesetzt und es ergibt sich

$$A_0 (j\omega)^3 + A_1 (j\omega)^2 + A_2 j\omega + A_3 = 0.$$

Nach Trennung von Real- und Imaginärteil und Elimination von ω folgt

$$A_1 A_2 - A_0 A_2 = 0$$

als Bedingung für die Werte der Koeffizienten, bei denen die Grenze der Stabilität erreicht wird. Die drei Wurzeln besitzen einen negativen Realteil, wenn

$$A_1 A_2 - A_0 A_3 > 0$$

ist. Dann ist also der durch die Differentialgleichung 3. Ordnung beschriebene Regelkreis stabil. Die eben gefundene Bedingung läßt sich in Form einer Determinante schreiben:

$$\begin{vmatrix} A_1 & A_3 \\ A_0 & A_2 \end{vmatrix} > 0.$$

Damit ist der Anschluß an die Frage der Stabilität eines durch eine Differentialgleichung n-ter Ordnung beschriebenen Regelkreises gegeben, wofür HURWITZ das Koeffizientenschema von Gl. (7.10) angab.

$$\left\{\begin{array}{cccc} A_1 & A_3 & A_5 & \cdots \\ A_0 & A_2 & A_4 & \cdots \\ 0 & A_1 & A_3 & \cdots \\ 0 & A_0 & A_2 & \cdots \\ \vdots & \vdots & \vdots & \ddots A_n \end{array}\right\} \tag{7.10}$$

Damit nun der zu der betrachteten Differentialgleichung gehörende Regelkreis stabil ist, müssen nicht nur die A_i gleiches Vorzeichen besitzen, sondern es müssen auch noch die durch punktierte Linien abgeteilten n HURWITZ-Determinanten sämtlich ohne Ausnahme größer Null sein. Wenn eine und auch nur eine der Determinanten kleiner Null ist, ist der Regelkreis instabil. Für eine Differentialgleichung 3. Ordnung folgt das HURWITZsche Koeffizientenschema

$$\left\{\begin{array}{ccc} A_1 & A_3 & 0 \\ A_0 & A_2 & 0 \\ 0 & A_1 & A_3 \end{array}\right\},$$

und die HURWITZ-Determinanten lauten

1. $A_1 > 0$

2. $\begin{vmatrix} A_1 & A_3 \\ A_0 & A_2 \end{vmatrix} > 0$

3. $\begin{vmatrix} A_1 & A_3 & 0 \\ A_0 & A_2 & 0 \\ 0 & A_1 & A_3 \end{vmatrix} = A_3 \begin{vmatrix} A_1 & A_3 \\ A_0 & A_2 \end{vmatrix} > 0.$

Wenn $A_3 > 0$ ist, bringt also die 3. Bedingung gegenüber der 2., vorher abgeleiteten nichts Neues.

Einschätzung des HURWITZ*schen Stabilitätskriteriums*

In bezug auf die Beurteilung der Stabilität unter Benutzung des HURWITZ-Verfahrens seien folgende Punkte angeführt:

a) Um das Stabilitätskriterium anwenden zu können, muß die Differentialgleichung des geschlossenen Regelkreises vorliegen. Ihre Entwicklung, wobei die Berechtigung gegebenenfalls vorgenommener Linearisierungen nachgewiesen werden muß, aber auch die numerische Bestimmung ihrer Koeffizienten, stoßen oft auf Schwierigkeiten.

b) Die Auswertung der HURWITZ-Determinanten läßt nur den Schluß zu, ob der Regelkreis stabil oder instabil ist. Da die Lage der Wurzeln der charakteristischen Gleichung unbekannt bleibt, gibt das Kriterium nur schwache Hinweise, wie ein instabiler Regelkreis zu verändern ist, damit er in einen stabilen übergeht.

c) Für Gleichungen höheren Grades ($n > 5$) wird die Berechnung der einzelnen HURWITZ-Determinanten zwar mühsam, bleibt aber wesentlich bequemer als die Ermittlung der Wurzeln der entsprechenden charakteristischen Gleichung.

d) Liegen eine oder mehrere Wurzeln der charakteristischen Gleichung in der linken Halbebene nahe der imaginären Achse, so ist zwar der Regelkreis stabil, doch verläuft der Prozeß der Regelung entsprechend ungünstig.

Beispiel: Um möglichst übersichtliche Verhältnisse zu haben, wird an die 1. Ausführung der Drehzahlregelung nach Abb. 6.10 und an das Signalflußbild Abb. 6.12 angeknüpft. Durch Umzeichnung wird das Signalflußbild von Abb. 7.2 gewonnen (das auch für bestimmte mit anderen Baugliedern als in Abb. 6.9 realisierte Regelkreise benutzbar ist).

Die für die einzelnen Blöcke von 7.2 geltenden Gleichungen lauten

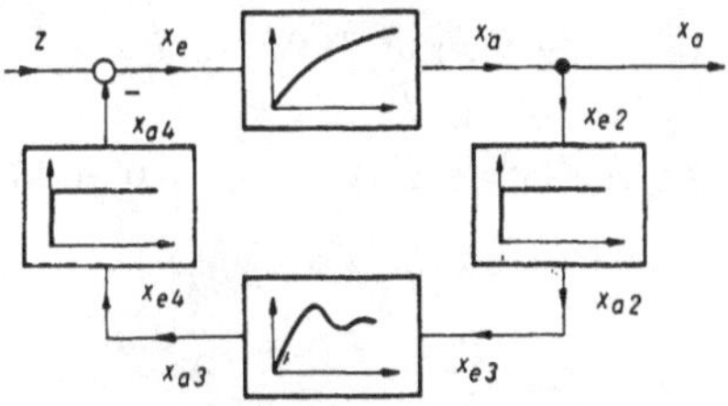

Abb. 7.2. Signalflußplan eines Regelkreises

$$T_1 \frac{\mathrm{d}x_a}{\mathrm{d}t} + x_a = x_e, \tag{7.11}$$

$$x_{a2} = k_2 x_{e2}, \tag{7.12}$$

$$T_2{}^2 \frac{\mathrm{d}^2 x_{a3}}{\mathrm{d}t} + T_3 \frac{\mathrm{d}x_{a3}}{\mathrm{d}t} + x_{a3} = x_{e3}, \tag{7.13}$$

$$x_{a4} = k_4 x_{e4}. \tag{7.14}$$

Unter Benutzung von Übertragungsfunktionen gilt

$$G_1 = \frac{1}{pT + 1},$$

$$G_2 = k_2,$$

$$G_3 = \frac{1}{T_2{}^2 p^2 + T_3 p + 1},$$

$$G_4 = k_4$$

und im Anschluß an (4.11) ergibt sich

$$\frac{X_a(p)}{Z(p)} = \frac{G_1(p)}{1 + G_1(p)\,G_2(p)\,G_3(p)\,G_4(p)}$$

$$= \frac{T_2{}^2 p^2 + T_3 p + 1}{T_1 T_2{}^2 p^3 + (T_1 T_3 + T_2{}^2)\,p^2 + (T_1 + T_3)\,p + k_2 k_4 + 1}. \tag{7.15}$$

Daher nimmt die charakteristische Gleichung des Regelkreises die Form

$$T_1 T_2^2 p^3 + (T_1 T_3 + T_2^2)\, p^2 + (T_1 + T_3)\, p + 1 + k = 0 \tag{7.16}$$

an bzw. $A_0 p^3 + A_1 p^2 + A_2 p + A_3 = 0$ mit

$$\begin{aligned} T_1 T_2^2 &= A_0, \\ T_1 T_3 + T_2^2 &= A_1, \\ T_1 + T_3 &= A_2, \\ 1 + k &= A_3. \end{aligned}$$

Das Koeffizientenschema nach HURWITZ lautet

$$\left\{\begin{matrix} T_1 T_3 + T_2^2 & 1 + k & 0 \\ T_1 T_2^2 & T_1 + T_3 & 0 \\ 0 & T_1 T_3 + T_2^2 & 1 + k. \end{matrix}\right\} \tag{7.17}$$

Für die HURWITZ-Determinanten muß gelten:

1. $T_1 T_3 + T_2^2 > 0$,
2. $(T_1 T_3 + T_2^2)(T_1 + T_3) - T_1 T_2^2 (1 + k) > 0$.

Um die Frage der Stabilität in Abhängigkeit z. B. von der Verstärkung k entscheiden zu können, werden nun passende Zahlenwerte vorgegeben:

$$\begin{aligned} T_1 &= 4\,s, \\ T_2 &= 1\,s, \\ T_3 &= 3\,s. \end{aligned}$$

Damit liegt das folgende zahlenmäßige HURWITZ-Schema vor:

$$\left\{\begin{matrix} 13 & 1 + k & 0 \\ 4 & 7 & 0 \\ 0 & 13 & 1 + k. \end{matrix}\right\}$$

1. Die erste Determinante ist immer Null, da alle drei Zeitkonstanten größer Null sind.
2. Für die zweite Determinante muß die Bedingung

$$\begin{vmatrix} 13 & (1+k) \\ 4 & 7 \end{vmatrix} > 0$$

erfüllt sein. Durch Auswertung ergibt sich, daß die Grenze der Stabilität mit $k_{kr} = 21{,}75$ erreicht ist. Mit $k < 21.75$ ist der Regelkreis stabil. Wächst der Verstärkungsfaktor k auf Werte über 21.75 an, so tritt Instabilität ein.

7.3.2. Stabilitätskriterium nach MICHAILOW-LEONHARD

Die zur Ermittlung der HURWITZ-Determinanten erforderliche Rechenarbeit steigt mit dem Grad der charakteristischen Gleichung schnell an. Das in Abschnitt 7.3.1 behandelte Kriterium ist überdies auch wenig anschaulich. Daher soll nun das Stabilitätskriterium nach MICHAILOW-LEONHARD angegeben werden, das ebenfalls von der Differentialgleichung ausgeht, aber gut übersehbare Ortskurven liefert.

Der Ausgangspunkt des Kriteriums ist wieder die gewöhnliche lineare Differentialgleichung mit konstanten Koeffizienten, die das Verhalten des ungestörten, geschlossenen, linearen, einschleifigen Regelkreises beschreibt:

$$A_0 x_a^{(n)} + A_1 x_a^{(n-1)} + \cdots + A_{n-1} \frac{\mathrm{d}x_a}{\mathrm{d}t} + A_n x_a = 0\,. \quad (7.5)$$

Eingeführt wird nun die Funktion $D(p)$:

$$A_0 p^n + A_1 p^{n-1} + \cdots + A_{n-1} p + A_n = D(p) = 0\,. \quad (7.18)$$

Jetzt wird $p = j\omega$ gesetzt, und es gilt

$$A_0 (j\omega)^n + A_1 (j\omega)^{n-1} + \cdots + A_{n-1} j\omega + A_n = D(j\omega)\,. \quad (7.19)$$

Diese Gleichung wird in der Form

$$D(j\omega) = A_0(j\omega - p_1)\,(j\omega - p_2)\,(j\omega - p_3) \cdots (j\omega - p_n)$$

$$= A_0 \prod_{i=1}^{n} (j\omega - p_i)$$

geschrieben. Der Ausdruck für $D(j\omega)$ setzt sich aus dem Produkt von n Zeigern $(j\omega - p_i)$ zusammen, wobei die p_i im Rahmen der Herleitung des Stabilitätskriteriums

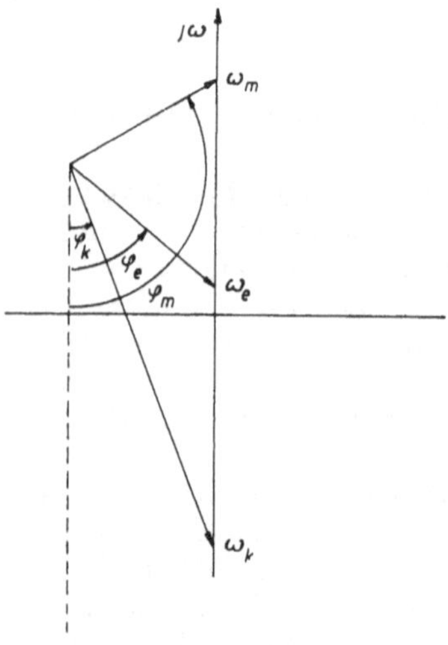

Abb. 7.3. Drehung des Zeigers $(j\omega - p_i)$ bei Wachsen von − bis +

als gegeben vorausgesetzt sind. Nun wird der Zeiger $(j\omega - p_i)$ herausgegriffen (Abb. 7.3). Sein Anfangspunkt liege in p_i in der linken Halbebene und seine Spitze auf der imaginären Achse ($j\omega$-Achse). Wächst ω von $-\infty$ bis $+\infty$, so durchläuft der Zeiger den Winkel π, und zwar $+\pi$, weil der Fußpunkt des Zeigers p_i der linken Halbebene angehört. In gleicher Weise verhalten sich alle anderen in der linken Halbebene befindlichen Zeiger.

Falls sich alle n Zeiger von $D(j\omega)$ in der linken Halbebene befinden, ergibt sich bei Veränderung der Kreisfrequenz von $-\infty$ bis $+\infty$ eine Phasendrehung des resultierenden Zeigers um $\sum \psi_i(\omega) = +n\pi$.

Eine in der rechten Halbebene von $f(j\omega)$ liegende Wurzel liefert aber für den Zeiger, der sich von dieser Wurzel zur imaginären Achse erstreckt, eine Winkeldrehung um $-\pi$, wenn wieder die Kreisfrequenz ω von $-\infty$ bis $+\infty$ variiert.

Befinden sich von den n Wurzeln von $f(j\omega)$ in der rechten Halbebene k Wurzeln, so resultiert eine Phasendrehung von $(n-2k)\pi$, wenn die Kreisfrequenz ω von $-\infty$ bis $+\infty$ anwächst. Die $(n-k)$ Zeiger mit den Anfangspunkten in der linken Halbebene ergeben nämlich $+(n+k)\pi$, während die k Zeiger in der rechten Halbebene eine Phasendrehung von $(-k\pi)$ liefern.

Um eine Aussage über die Stabilität des geschlossenen Regelkreises machen zu können, wird der Gang des resultierenden Zeigers bei Veränderung von ω aufgezeichnet, da ja die Lage der Wurzeln p_i unbekannt ist. Aus der Frequenzabhängigkeit der Phasendrehung wird dann geschlossen, ob alle Wurzeln der charakteristischen Gleichung in der linken Halbebene liegen oder ob sich mindestens eine Wurzel in der rechten Halbebene befindet.

Es genügt, wenn die Frequenz ω von $0 \cdots +\infty$ variiert, weil der bei negativen Frequenzen ermittelte Zweig der Kurve lediglich die an der reellen Achse vorgenommene Spiegelung des bei positiven Frequenzen gewonnenen darstellt.

Bei einem stabilen Regelkreis tritt eine Gesamtphasendrehung von $\frac{n\pi}{2}$ auf, wenn $0 \leqq \omega \leqq +\infty$. In bezug auf die Antragung des Winkels ist zu berücksichtigen, daß $D(j\omega$ für $\omega = 0$ einen positiven reellen Wert $D(0)$ besitzt, da alle Koeffizienten der Gleichung (7.19) positiv sind. Die Zählung beginnt daher auf der positiven reellen Achse mit dem Nullpunkt als Drehpunkt.

Die an die Ortskurve von $D(j\omega)$ zu stellenden Bedingungen lassen sich auch folgendermaßen formulieren:

a) $D(j\omega) \neq 0$ für $\omega = 0$, d. h. $A_n \neq 0$.
b) Die Spitze des Zeigers $D(j\omega)$ muß nacheinander, und zwar ohne Ausnahme, n Quadranten in mathematisch positivem Sinne (Gegenuhrzeigersinne) durchlaufen, wenn ω von $0 \cdots +\infty$ geht.
c) Wird $D(j\omega) = u(\omega) + jv(\omega)$ geschrieben, so müssen sowohl $u(\omega)$ als auch $v(\omega)$ reelle Wurzeln besitzen.
d) Die Nulldurchgänge von $u(\omega)$ und von $v(\omega)$ müssen mit wachsendem ω einander abwechseln.
e) Der Wert von $u(\omega)$ und die Änderungsgeschwindigkeit $v'(\omega)$ müssen im Punkte $\omega = 0$ das gleiche Vorzeichen haben.

In Abb. 7.4 sind einige MICHAILOW-Kurven gezeigt, die zu stabilen Regelkreisen gehören.

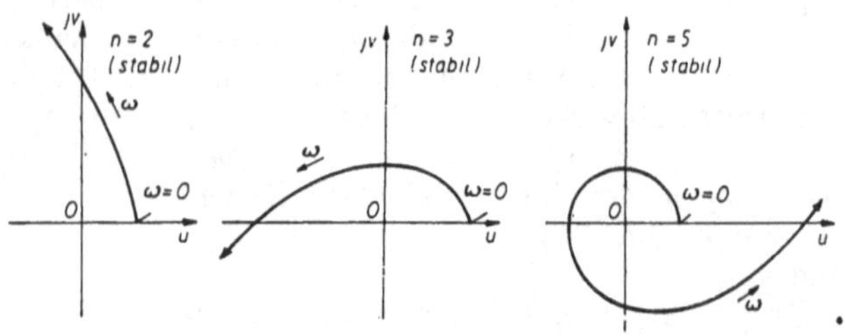

Abb. 7.4. MICHAILOW-Kurven stabiler Regelungssysteme für a) $n = 1$, b) $n = 3$, c) $n = 5$

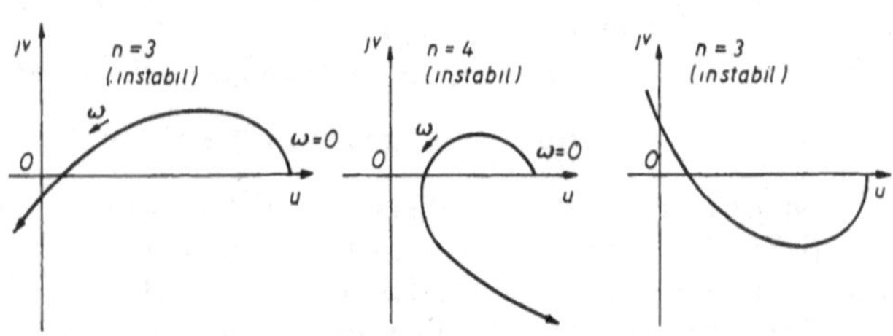

Abb. 7.5. MICHAILOW-Kurven instabiler Regelungssysteme

Die MICHAILOW-Kurven von Abb. 7.5 ergeben sich, wenn die charakteristische Gleichung Wurzeln in der rechten Halbebene besitzt, der zugehörige Regelkreis instabil und daher in diesem Zustand unbrauchbar ist.

Die Vorteile des MICHAILOW-LEONHARDschen Stabilitätskriteriums liegen also neben der Anschaulichkeit darin, daß bei Differentialgleichungen höherer Ordnung ein geringer Rechenaufwand als beim HURWITZ-Verfahren erforderlich ist. Außerdem läßt sich bei den hier vorausgesetzten einschleifigen Regelkreisen der kritische Wert des Verstärkungsfaktors bequem bestimmen.

Beispiel: Nach Gleichung (7.18) und unter Benutzung von (7.11) bis (7.14) ist

$$D(p) = T_1 T_2^2 p^3 + (T_1 T_3 + T_2^2) p^2 + (T_1 + T_3) p + 1 + k$$

$$= 4p^3 + 13p^2 + 7p + 1 + k = 0.$$

Mit $p = j\omega$ wird

$$D(j\omega) = 4(j\omega)^3 + 13(j\omega)^2 + 7j\omega + 1 + k$$

$$= u(\omega) + jv(\omega);$$

$$u(\omega) = 1 + k - 13\omega^2,$$

$$v(\omega) = 7\omega - 4\omega^3.$$

Unter Verwendung des Wertes $k = 15$ ergibt sich die in Abb. 7.6 eingetragene Kurve $D(j\omega)$. Sie schneidet die reelle Achse bei $\omega = 0$ und $\omega = 1{,}23$ und die imaginäre Achse bei $\omega = 1.1$. Der geschlossene Regelkreis ist also bei $k = 15$ stabil, da die Nullstellen von $u(\omega)$ und $v(\omega)$ einander abwechseln.

Wird jedoch der Verstärkungsfaktor auf $k = 30$ erhöht, so liegen die Nullstellen (Schnittstellen der reellen Achse) von $v(\omega)$ bei $\omega = 0$ und $\omega = 1{,}23$, die Nullstelle von $u(\omega)$ dagegen nun bei $\omega = 1{,}55$. Der Regelkreis ist daher unter Verwendung von $k = 30$ instabil.

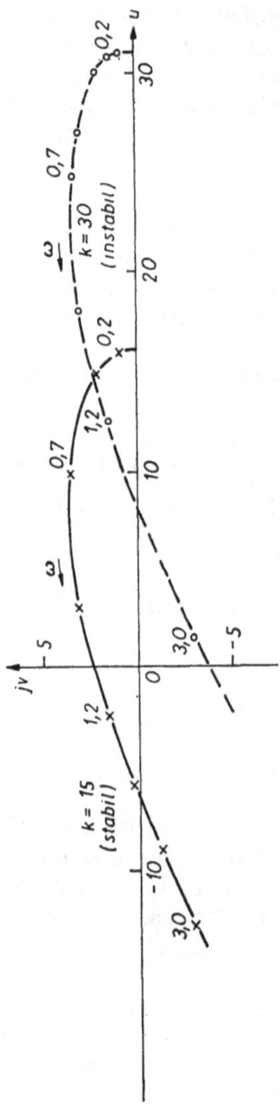

Abb. 7.6. MICHAILOW-Kurven des geschlossenen Regelkreises a) mit $k = 15$ (stabil), b) mit $k = 30$ (instabil)

7.3.3. Stabilitätskriterium nach NYQUIST

Bei den beiden bisher behandelten Stabilitätskriterien muß die den Regelkreis beschreibende Differentialgleichung bekannt sein. Ihre ana.ytische Ermittlung ist aber in vielen Fällen mit großen Schwierigkeiten verbunden oder gar nicht möglich. Diese Stabilitätskriterien sind also für den Ingenieur nur von begrenztem Wert. Daher ist die Frage nach ingenieurmäßigen Methoden durchaus berechtigt, die unter Verwendung von Meßergebnissen Aussagen über die Stabilität eines Regelkreises erlauben.

Hier bietet sich die Methode der Untersuchung des experimentell ermittelten Frequenzganges an. Erfahrungen liegen seit langem vor, und zwar bei gegengekoppelten Verstärkern, die als programmgesteuerte Folgeregler aufgefaßt werden können und bei denen Rechnungen wegen der vorhandenen relativ großen Zahl phasendrehender Elemente sehr aufwendig sind. Um eine Messung vorzunehmen, wird der geschlossene Kreis an einer geeigneten Stelle aufgeschnitten und an den Schnittstellen jeweils mit dem Widerstand abgeschlossen, der auf der anderen Seite der Schnittstelle hineingemessen wird. Hierauf wird an der Schnittstelle in Richtung des Signalflusses eine sich sinusförmig ändernde Eingangsgröße (z. B. eine Spannung) konstanter Frequenz eingegeben und nach Abklingen von Übergangsprozessen, also in stationärem Zustand, an der anderen Seite der Schnittstelle die Rückkehrspannung (Ausgangsspannung) nach Amplitude und Phase gemessen, und zwar im Vergleich mit der Amplitude und Phase der Eingangsspannung. Wird diese Messung bei einer hinreichend großen Zahl von Frequenzen wiederholt, so ergibt sich die gesuchte Frequenzabhängigkeit. Der für die Auswertung wichtige Frequenzbereich hängt von dem speziellen Regelkreis ab. Bei gegengekoppelten Wechselstromverstärkern ist meist der Bereich der Kreisfrequenzen

$\omega > 100$ wesentlich, während bei Regelkreisen mit verfahrenstechnischen Regelstrecken vorzugsweise der Bereich $0 < \omega < 10$ in Frage kommt.

Bei der Betrachtung des gefundenen Frequenzganges des aufgeschnittenen einschleifigen Regelkreises, der kein integrierendes Glied enthalte und im aufgeschnittenen Zustand stabil sei, lassen sich drei Fälle unterscheiden.

a) Der Amplituden-Phasen-Frequenzgang beginnt bei $\omega = 0$ auf der positiven reellen Achse, läuft dann

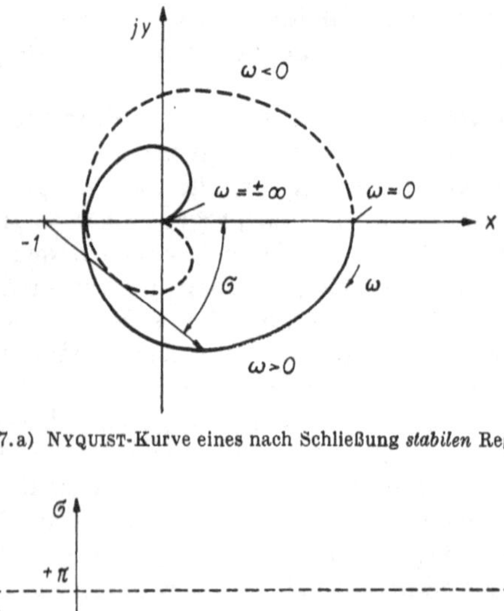

Abb. 7.7.a) NYQUIST-Kurve eines nach Schließung *stabilen* Regelkreises

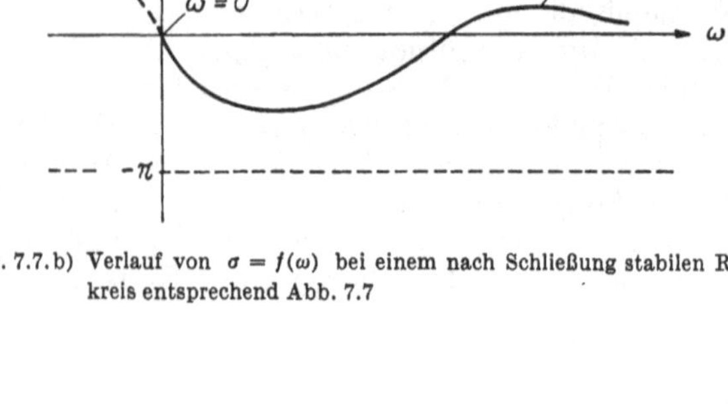

Abb. 7.7.b) Verlauf von $\sigma = f(\omega)$ bei einem nach Schließung stabilen Regelkreis entsprechend Abb. 7.7

durch den 4. Quadranten usw., um bei dem Regelkreis mit Tiefpaßcharakter bei $\omega \to \infty$ dem Koordinatennullpunkt zuzustreben. Wie Abb. 7.7 zu entnehmen ist, umfaßt die Frequenzgangkurve den beim NYQUIST-Kriterium die entscheidende Rolle spielenden Punkt $(-1, j0)$ nicht, sondern läßt ihn links liegen, wenn die Kurve des Frequenzganges in Richtung steigender ω durchlaufen wird. Die Kurve des Frequenzganges schneidet dabei die negative reelle Achse nur im Intervall $0 \cdots -1$. Die Erfahrung zeigt, daß einschleifige Regelkreise, bei denen der Frequenzgang des aufgeschnittenen Regelkreises nach Abb. 7.7 verläuft, nach Schließung des Kreises *stabil* sind.

b) Die Frequenzkurve beginnt bei $\omega = 0$ auf der reellen Achse, läuft durch den vierten Quadranten usw., umschlingt aber jetzt den Punkt $(-1, j0)$ und schneidet die negative reelle Achse im Bereich $-1 \cdots -\infty$. Auch hier strebt bei einem Regelkreis mit Tiefpaßcharakter die Frequenzgangkurve bei $\omega \to \infty$ dem Nullpunkt zu. Bei Vorliegen eines Amplituden-Phasen-Frequenzganges nach Abb. 7.8 ist aber der Regelkreis nach Schließung *instabil*.

c) Manchmal ergibt sich jedoch ein Frequenzgang, der nur bei kleinen Frequenzen ähnlich wie unter a) und b)

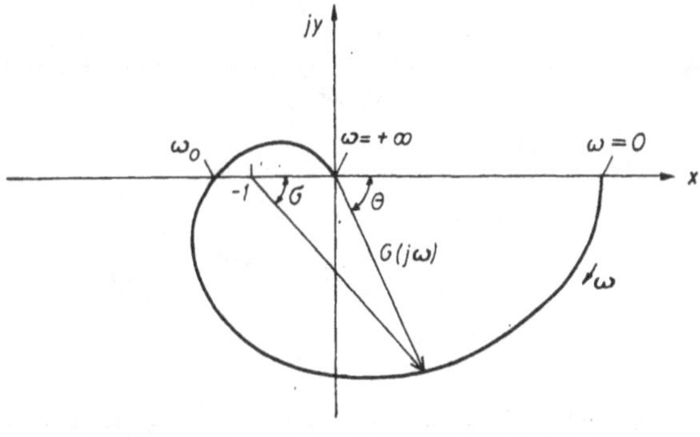

Abb. 7.8.a) NYQUIST-Kurve eines nach Schließung *instabilen* Regelkreises

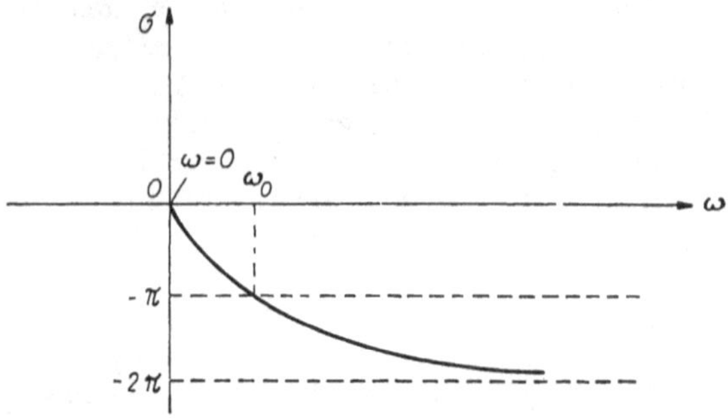

Abb. 7.8. b) Verlauf von $\sigma = f(\omega)$ bei einem nach Schließung instabilen Regelkreis entsprechend Abb. 7.9

verläuft. Er wechselt dann bei steigender Frequenz aus dem dritten Quadranten in den zweiten, nun aber rückläufig in den dritten zurück, ohne den Punkt $(-1,j0)$ zu umfassen. Bei $\omega \to \infty$ wendet sich der Frequenzgang gegen den Koordinatenanfangspunkt. Die Frequenzgangkurve schneidet daher nach Abb. 7.9 den Abschnitt der negativen reellen Achse zwischen $-1 \cdots -\infty$ zweimal. Erfahrungsgemäß sind Regelkreise, bei denen der aufgeschnittene Kreis der Über-

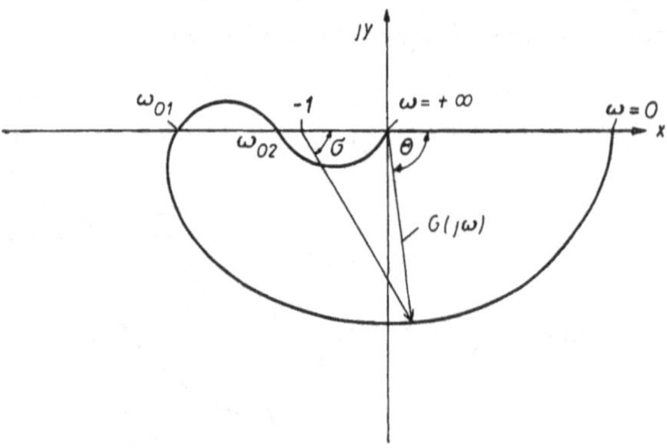

Abb. 7.9. a) Nyquist-Kurve eines nach Schließung bedingt stabilen Regelkreises

tragungsglieder einen Frequenzgang nach c) ergibt, stabil, obwohl für die zwei Frequenzen ω_{01}, ω_{02} der Betrag von x_a für negative reelle x_a größer als der Wert von x_e ist, während die Phasenverschiebung $\varphi_a = \varphi_e$ den Wert $-180°$ besitzt, wobei die auf Grund der Um-

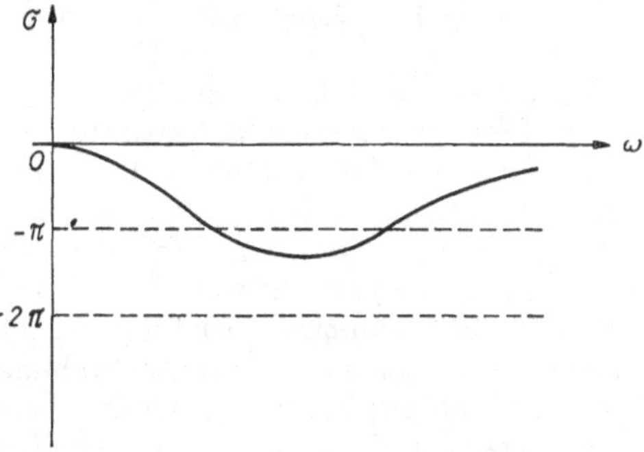

Abb. 7.9.b) Verlauf von $\sigma = f(\omega)$ bei einem nach Schließung bedingt stabilen Regelkreis

polung bereits vorhandenen $-180°$ nicht berücksichtigt sind. Häufig wird ein Regelkreis, der im aufgeschnittenen Zustand einen Frequenzgang nach Abb. 7.9 aufweist, als bedingt stabil bezeichnet.

Nun soll der experimentelle Befund durch Betrachtungen unter Benutzung der in Betracht kommenden Frequenzgleichungen beschrieben und bestätigt werden. Ausgegangen wird dabei von dem Frequenzgang des aufgeschnittenen Regelkreises

$$\frac{\bar{x}_a(j\omega)}{\bar{x}_e(j\omega)} = \frac{B_0(j\omega)^m + \cdots B_{m-1}\,j\omega + B_m}{A_0(j\omega)^n + \cdots A_{n-1}\,j\omega + A_n} \quad (n > m). \tag{7.21}$$

Unter Berücksichtigung der bei der Schließung der Kette zu einem Regelkreis erforderlichen Umpolung gilt

$$-\frac{\bar{x}_a(j\omega)}{\bar{x}_e(j\omega)} = \frac{B_0(j\omega)^m + \cdots + B_{m-1}\,j\omega + B_m}{A_0(j\omega)^n + \cdots + A_{n-1}\,j\omega + A_n} = G(j\omega). \tag{7.22}$$

Wird nun für eine bestimmte Frequenz ω_i nach Betrag und Phase $\tilde{x}_a = \tilde{x}_e$, so bleibt nach Schließung des Kreises eine Schwingung mit der Kreisfrequenz ω_i bestehen. Für diese Grenze der Stabilität geht die Gleichung in die wichtige Beziehung

$$1 + G(j\omega) = 0 \tag{7.23}$$

über.

Ein zuverlässiges Verfahren zur Stabilitätsprüfung, das aus dem Frequenzgang des aufgeschnittenen Regelkreises einen Schluß auf die Stabilität des geschlossenen Regelkreises zuläßt, muß selbstverständlich für die drei angeführten Fälle a), b), c) (und noch schwierigere hier nicht zu behandelnde) eindeutige Resultate liefern. NYQUIST leitete 1932 — ursprünglich für gegengekoppelte Verstärker — das nach ihm genannte Stabilitätskriterium ab, das die erhobene Forderung erfüllt. Anschließend wird nun das Stabilitätskriterium für einschleifige Regelkreise bewiesen, da der aus dem Verlauf des Frequenzganges des aufgeschnittenen Regelkreises gezogene Schluß auf Stabilität bzw. Instabilität des geschlossenen Regelkreises nicht unmittelbar ersichtlich ist.

Ausgegangen wird auch hier von der Differentialgleichung des aufgeschnittenen Regelkreises

$$A_0 x_a^{(n)} + A_1 x_a^{(n-1)} + \cdots + A_{n-1} \frac{\mathrm{d}x_a}{\mathrm{d}t} + A_n x_a \tag{7.4}$$

$$= B_m x_e + B_{m-1} \frac{\mathrm{d}x_e}{\mathrm{d}t} + \cdots + B_0 x_e^{(m)} \quad \text{mit } n \geqq m.$$

Die charakteristische Gleichung der linken Seite wird in der Form

$$A_0 p^n + A_1 p^{n-1} + \cdots + A_{n-1} p + A_n = Q(p) \tag{7.24}$$

geschrieben, wobei vorausgesetzt wird, daß alle Wurzeln von $Q(p)$ einen negativen Realteil besitzen.

Ferner wird abkürzend gesetzt

$$-\{B_m + B_{m-1} p + \cdots + B_0 p^m\} = -R(p). \tag{7.25}$$

Dann nimmt die charakteristische Gleichung des *geschlossenen* einschleifigen Regelkreises die Form

$$Q(p) + R(p) = 0 \tag{7.26}$$

an. Nun wird der Ausdruck

$$\frac{Q(p) + R(p)}{Q(p)} \tag{7.27}$$

gebildet. Wegen der Bedingung $n \geqq m$ besitzen das Zählerpolynom und das Nennerpolynom den gleichen Grad. Das Nennerpolynom $Q(p)$, das aus der Differentialgleichung des aufgeschnittenen Regelkreises erhalten wurde, besitzt nach Voraussetzung nur die Wurzeln $\overline{p}_1, \overline{p}_2, \ldots, \overline{p}_n$ mit negativem Realteil. Aus der Gleichung des geschlossenen Regelkreises resultiert dagegen das Zählerpolynom mit den Wurzeln $p_1, p_2, \ldots, p_n$, unter denen sich solche mit positivem Realteil befinden können, und zwar auf Grund der Schließung des Regelkreises. Wenn noch der Einfachheit halber vorausgesetzt wird, daß keine Wurzel auf der imaginären Achse liegt, läßt sich schreiben

$$\frac{Q(p) + R(p)}{Q(p)} = 1 + \frac{R(p)}{Q(p)}$$

$$= k\,\frac{(p - p_1)\,(p - p_2) \cdots (p - p_n)}{(p - \overline{p}_1)\,(p - \overline{p}_2) \cdots (p - \overline{p}_n)}. \tag{7.28}$$

Jeder Wurzel p_i ist also in der p-Ebene ein Zeiger zugeordnet, der vom Punkt p_i zum Punkt p führt. Entsprechend ist $(p - p_i)$ ein Zeiger, der gleich der Differenz der Zeiger p und p_i ist. Nun wird $p = j\omega$ gesetzt. Damit ergibt sich

$$1 + \frac{R(j\omega)}{Q(j\omega)} = \frac{(j\omega - p_1)\,(j\omega - p_2) \cdots (j\omega - p_n)}{j\omega - \overline{p}_1)\,(j\omega - \overline{p}_2) \cdots (j\omega - \overline{p}_n)}$$

$$= \frac{|j\omega - p_1|\,e^{j\psi_1}|j\omega - p_2|\,e^{j\psi_2} \cdots |j\omega - p_n|\,e^{j\psi_n}}{|j\omega - \overline{p}_1|\,e^{j\varphi_1}|j\omega - \overline{p}_2|\,e^{j\varphi_2} \cdots |j\omega - \overline{p}_n|\,e^{j\varphi_n}}, \tag{7.29}$$

wobei

$$\{\psi_1 + \psi_2 + \cdots + \psi_n - (\varphi_1 + \varphi_2 + \cdots + \varphi_n)\} = \sigma. \quad (7.30)$$

Entsprechend wie beim MICHAILOW-LEONHARD-Kriterium wird nun einer der Zeiger, nämlich $(j\omega - \overline{p}_i)$, herausgegriffen. Besitzt p_i einen negativen Realteil, so dreht sich der Zeiger mit dem Drehpunkt in p_i im mathematisch positiven Sinne, und zwar um den Winkel $+\pi$, wenn ω von $-\infty$ über 0 nach $+\infty$ läuft.

In der gleichen Weise führt ein Zeiger $(j\omega + p_i)$ des Zählers beim Durchlaufen von ω von $-\infty$ bis $+\infty$ eine Drehung um $+\pi$ aus, wenn p_i einen negativen Realteil besitzt.

Weist aber p_i einen positiven Realteil auf, so ergibt sich bei Veränderung von ω von $-\infty$ bis $+\infty$ eine Drehung des Zeigers mit dem Fußpunkt in p_i im mathematisch negativen Sinne, und zwar von $-\pi$.

Sind nun sowohl im Zähler als auch im Nenner von Gleichung (7.29) nur Wurzeln mit negativem Realteil vorhanden, so resultiert im Zähler eine Änderung des Winkels um $n\pi$ und im Nenner ebenfalls eine Winkeldrehung um $+n\pi$, wenn ω von $-\infty$ bis $+\infty$ läuft. Der resultierende Zuwachs des Arguments, nämlich der Winkel $\Delta\sigma$, geht also bei hinreichend großem ω gegen Null (s. Abb. 7.7; 7.9).

Nun wird der Fall erörtert, daß auf Grund der Schließung des Regelkreises der Zähler k Wurzeln mit positivem Realteil enthält, die eine negative Winkeldrehung von $-k\pi$ ergeben. Die restlichen $(n - k)$ Wurzeln, die einen negativen Realteil besitzen, liefern eine Winkeldrehung um $(n - k)\pi$. Daher ergibt sich nun im Zähler eine Gesamtwinkeldrehung um $(n - 2k)\pi$, wenn ω von $-\infty$ bis $+\infty$ läuft. Die sich in diesem Falle einstellende resultierende Winkeldrehung σ der Funktion $\dfrac{Q(p) - R(p)}{Q(p)}$ beträgt $-2k\pi$, wenn $-\infty \leqq \omega \leqq +\infty$, geht also nicht gegen Null wie im Falle nicht vorhandener Wurzeln mit positivem Realteil (vgl. Abb. 7.8b).

Da nur positive Frequenzen physikalisch einen Sinn besitzen, resultiert bei einer Änderung der Frequenz ω von 0 bis $+\infty$ bei k Wurzeln mit positivem Realteil eine Winkeldrehung von $-k\pi$. Da nur der in bezug auf die Winkeldrehung $\Delta\sigma$ wesentliche Teil des Frequenzganges experimentell aufgenommen werden kann, wird der Wert $-k\pi$ nur approximativ erreicht.

Nun ist noch die Frage zu erörtern, wie der Winkel σ angetragen wird. Dazu wird die Beziehung Gl. (7.27) benutzt, die mit $p = j\omega$ in

$$\frac{Q(j\omega) + R(j\omega)}{Q(j\omega)} = 1 + \frac{R(j\omega)}{Q(j\omega)} = K^*(j\omega) \quad (7.31)$$

bzw.

$$K^*(j\omega) - 1 = \frac{R(j\omega)}{Q(j\omega)} = \frac{\tilde{x}_a(j\omega)}{\tilde{x}_e(j\omega)} \quad (7.32)$$

übergeht. Daraus ist ersichtlich, daß der Beweis des Stabilitätskriteriums für die Funktion $K^*(j\omega)$ geführt wurde. Gezeichnet wurde aber die Funktion

$$G(j\omega) = \frac{R(j\omega)}{Q(j\omega)} = |G(j\omega)|\, e^{j\theta(\omega)}. \quad (7.33)$$

Experimentell oder rechnerisch wird also der Frequenzgang $G(j\omega)$ ermittelt. Zur Beurteilung der Stabilität muß aber vom Punkt $(-1, j0)$ ausgegangen werden und der Winkel σ ist an der Strecke $(-1, j0; 0, j0)$ im Punkte $(-1, j0)$ anzutragen. Geht der resultierende Phasenwinkel σ mit $\omega \to \infty$ nicht gegen Null, wie dies in Abb. 7.8 der Fall ist, so ist der geschlossene Regelkreis instabil.

In den Abb. 7.7 und 7.9 wendet sich aber σ schließlich gegen Null, wenn nur ω hinreichend groß wird. Dementsprechend ist der zugeordnete Regelkreis im geschlossenen Zustand stabil.

Vorstehend wurde nur der einfachste Fall behandelt. Enthält der Regelkreis ein integrierendes Glied, so läßt sich das Nyquist-Kriterium entsprechend anwenden, doch wird auf eine Erörterung verzichtet.

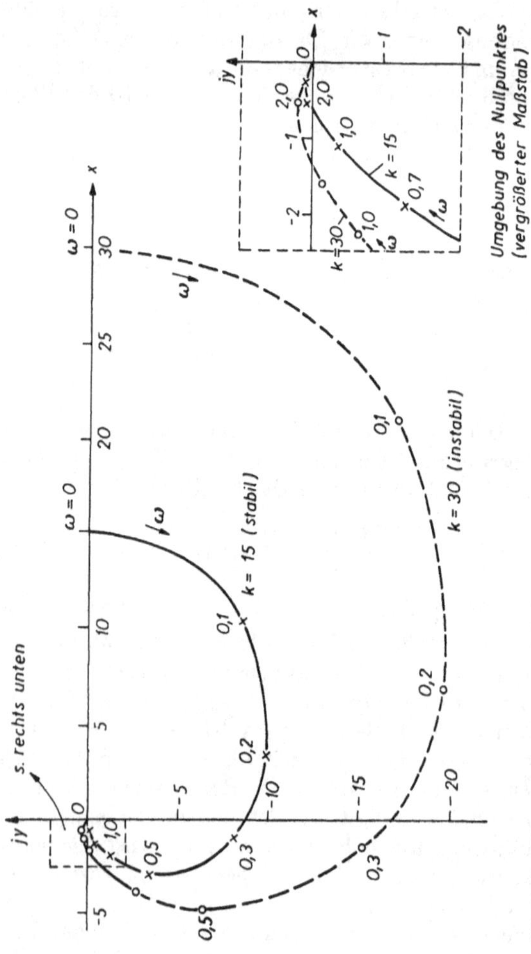

Abb. 7.10. NYQUIST-Kurve für Beispiel
Kurve a) für $k = 15$ (nach Schließung stabil)
Kurve b) für $k = 15$ (nach Schließung instabil)

Bemerkt sei noch, daß einige Autoren den Punkt $(+1, j0)$ als kritischen Punkt benutzen, wobei die Umpolung bei der Schließung des Regelkreises bereits berücksichtigt ist.

Beispiel: Während bei der Untersuchung der Stabilität des geschlossenen Regelkreises (HURWITZ, MICHAILOW-LEONHARD) Eingangsgrößen nicht benötigt werden, wird bei NYQUIST folgendermaßen vorgegangen: Berechnet bzw. gemessen wird der Frequenzgang des aufgeschnittenen Regelkreises $G(j\omega)$.

Variante 1: Mit $k = 15$ ergibt sich

$$R(j\omega) = 15,$$

$$Q(j\omega) = -4(j\omega)^3 - 13\omega^2 + 7j\omega + 16,$$

$$G_1(j\omega) = \frac{15}{1 - 13\omega^2 + j\omega(7 - 4\omega^2)}.$$

Wie der Frequenzgang $G_1(j\omega)$ von Abb. 7.10a ausweist, wird unter Benutzung von $k = 15$ der Punkt $(-1, j0)$ nicht umfahren, so daß der geschlossene Regelkreis stabil ist.

Variante 2: Mit $k = 30$ gilt

$$G_2(j\omega) = \frac{30}{1 - 13\omega^2 + j\omega(7 - 4\omega^2)}.$$

Gemäß Abb. 7.10b umfaßt hier der Frequenzgang $G_2(j\omega)$ den Punkt $(-1, j0)$ und der geschlossene Regelkreis ist instabil.

7.3.4. Stabilitätskriterium nach KÜPFMÜLLER

Die in den Abschnitten 7.3.1, 7.3.2 und 7.3.3 bereits behandelten Stabilitätskriterien können nicht angewandt werden, wenn es weder gelingt, die Differentialgleichung des Regelkreises aufzustellen, noch den Frequenzgang experimentell zu bestimmen. Diese Lage ist u. U. dann zu konstatieren, wenn sich der Frequenzgang aus experimentellen oder zeitlichen Gründen nicht im erforderlichen Frequenzbereich oder mit der notwendigen Genauigkeit messen läßt. Es kann auch der Fall vorliegen, daß ein in Betrieb befindlicher Regelkreis auf seine Funktion ge-

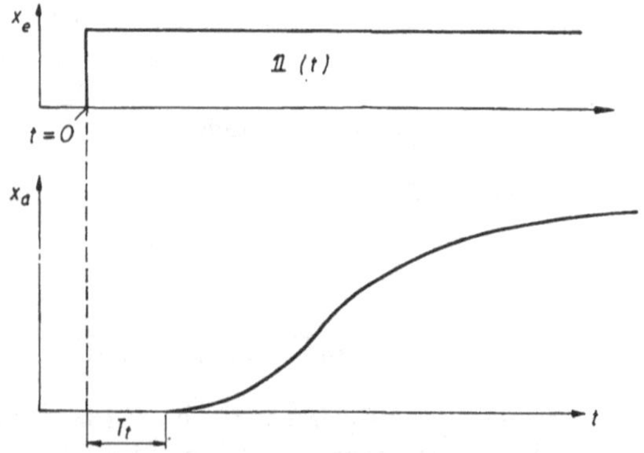

Abb. 7.11. Übergangsfunktion einer Reihenschaltung von Totzeitglied und Trägheitsgliedern

prüft werden soll, ohne daß eine störende Betriebsunterbrechung eintritt. Unter solchen Verhältnissen läßt sich aber doch häufig die Übergangsfunktion aufnehmen. Dazu wird der Regelkreis an einer geeigneten Stelle aufgeschnitten und an der Schnittstelle in Signalflußrichtung eine sprungförmige Eingangsgröße x_e eingegeben. Am anderen Ende der Schnittstelle wird die Sprungantwort gemessen.

Auch hier wird nur der Fall betrachtet, daß der Regelkreis kein integralwirkendes Glied enthält. Ermittelt wird also der Verlauf der Übergangsfunktion nach Anlegen der Einheitssprungfunktion an den aufgeschnittenen Regelkreis.

In Abb. 7.11 ist die Übungsfunktion eines aufgeschnittenen speziellen Regelkreises angegeben, der aus einer Hintereinanderschaltung von Totzeitglied und Trägheitsgliedern besteht. Infolge des Vorhandenseins des Totzeitgliedes nimmt die Koordinate x_a erst nach einer bestimmten Zeit, nämlich der Totzeit T_t, positive Werte an. Der Verlauf der eigentlichen Übergangsfunktion ist durch die übrigen Übertragungsglieder und deren

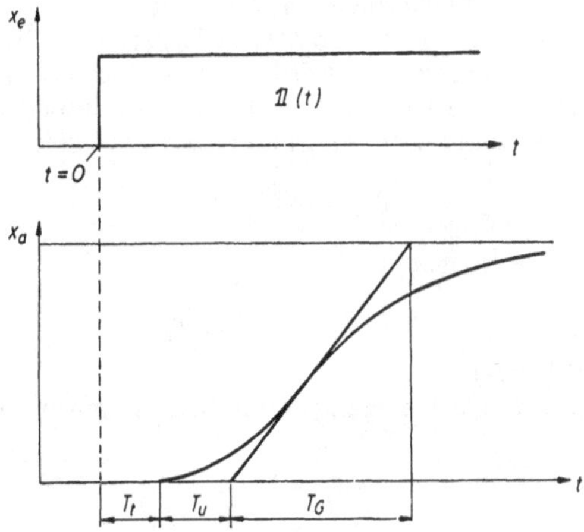

Abb. 7.12. Ermittlung der Verzugszeit T_u und der Ausgleichszeit T_G

Zeitkonstanten bestimmt. Wegen des Fehlens eines integralwirkenden Gliedes im aufgeschnittenen Regelkreis strebt $x_a(t)$ einem festen Wert zu.

Von Küpfmüller wurde nun die Frage untersucht, wie aus dem Verlauf der Übergangsfunktion des aufgeschnittenen Regelkreises eine Aussage über die Stabilität des geschlossenen Regelkreises hergeleitet werden kann. Trotz der bekannten Zusammenhänge zwischen Übergangsfunktion und Frequenzgang zieht Küpfmüller einen direkten Weg vor. Das von ihm angegebene auf einer Approximation beruhende Verfahren soll nun betrachtet werden. Dazu wird Abb. 7.12 herangezogen, wo an die Übergangsfunktion parallel zur Zeitachse die Tangente gelegt wird. Außerdem wird die Wendetangente gezogen, die die Zeitachse und die eben erwähnte Tangente schneidet. Dadurch lassen sich die Zeiten T_G und T_u gewinnen. Während sich die sogenannte Ausgleichszeit T_G mühelos ermitteln läßt, treten bei der Verzugszeit T_u insofern gewisse Unsicherheiten auf, als bei einer gemessenen Übergangsfunktion die Verzugszeit T_u gegen die Totzeit T_t nicht genau abgegrenzt werden kann. Das ist aber für das folgende unerheblich, da beim Stabilitätskriterium nach KÜPFMÜLLER die sogenannte Ersatztotzeit

$$T_{tE} = T_u + T_t \tag{7.34}$$

und die Übergangszeit

$$T_{ü} = T_t + T_u + T_G \tag{7.35}$$

benutzt werden.

Die vorgelegte Übergangsfunktion ist gegeben durch

$$h(t) = \frac{x_a(t)}{X_e}, \tag{7.36}$$

wobei

$$h(t)\big|_{t\to\infty} = \frac{X_a}{X_e}. \tag{7.37}$$

Das Verhältnis $\frac{X_a}{X_e} = -V$ wird als Verstärkungsfaktor bezeichnet, wobei das Minuszeichen durch die Umpolung im arbeitsfähigen Regelkreis bedingt ist. Da für die experimentell erhaltene Übergangsfunktion die zugehörige Differentialgleichung bzw. Übertragungsfunktion nicht bekannt ist, muß zur Ableitung des Stabilitätskriteriums anders verfahren werden. Es wird die vorgelegte Übergangsfunktion durch eine einfachere Übergangsfunktion ersetzt, für die dann der Frequenzgang berechnet wird, der zur Beurteilung der Stabilität benutzt wird. Als Approximationsfunktion $h_E(t)$ wird im folgenden der in Abb. 7.13 fett eingetragene gebrochene Streckenzug benutzt, der aus dem Abschnitt auf der Zeitachse zwischen $t = 0$ und $T_{tE} = T_u + T_t$, dem Abschnitt der Wendetangente zwischen $t = T_{tE}$ und $T = T_ü$ und schließlich dem Abschnitt der Tangente an die Übergangsfunktion parallel zur Zeitachse mit $t \geqq T_ü$ besteht.

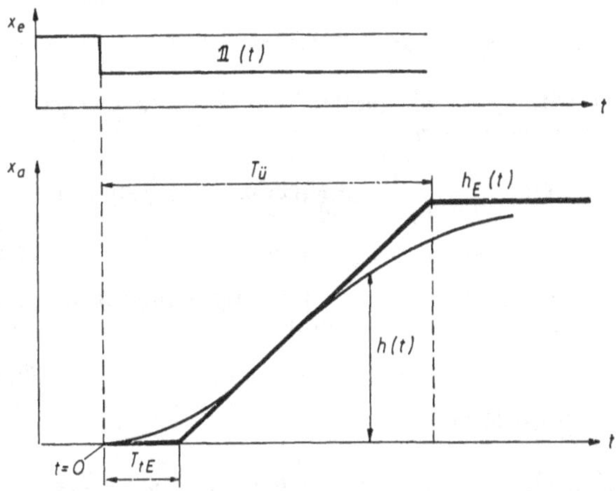

Abb. 7.13. Übergangsfunktion eines aufgeschnittenen Regelkreises zur Ermittlung seiner Stabilität nach KÜPFMÜLLER

Damit gilt [4]

$$h_E(t) = \begin{cases} 0 & \text{für } 0 \leqq t \leqq T_{tE}, \\ V \dfrac{t - T_{tE}}{T_ü - T_{tE}} & \text{für } T_{tE} \leqq t \leqq T_ü, \\ +V & \text{für } t \geqq T_ü. \end{cases} \quad (7.38)$$

Nun wird die zu der Ersatzübergangsfunktion $h_E(t)$ des aufgeschnittenen Regelkreises gehörende LAPLACE-

Transformierte unter Voraussetzung der Einheitssprungfunktion als Eingangsgröße angegeben.

$$G(p) = \frac{\mathcal{L}\{h_E(t)\}}{\mathcal{L}\{x_e(t)\}} = p\mathcal{L}\{h_E(t)\}$$

$$= pV\left[\int_{T_{tE}}^{T_ü} \frac{t - T_{tE}}{T_ü - T_{tE}} e^{-pt}\,dt + \int_{T_ü}^{\infty} e^{-pt}\,dt\right]$$

$$= \frac{V}{p(T_ü - T_{tE})}\left(e^{-pt_{tE}} - e^{-pT_ü}\right). \tag{7.39}$$

Jetzt wird $p = j\omega$ gesetzt, um den Frequenzgang zu erhalten, wobei sich

$$G(j\omega) = \frac{V}{j\omega(T_ü - T_{tE})}(\cos\omega T_{tE} - j\sin\omega T_{tE}$$
$$- \cos\omega T_ü + j\sin\omega T_ü) \tag{7.40}$$

ergibt. Gesucht wird der der Approximationsfunktion zugeordnete Grenzfall der Stabilität ·

$$G(j\omega) + 1 = 0. \tag{7.41}$$

Für den Imaginärteil gilt

$$\mathrm{Im}[G(j\omega)] = \frac{V}{\omega(T_ü - T_{tE})}(\cos\omega T_ü - \cos\omega T_{tE}) = 0, \tag{7.42a}$$

für den Realteil

$$\mathrm{Re}[G(j\omega)] = \frac{V}{\omega(T_ü - T_{tE})}(\sin\omega T_ü - \sin\omega T_{tE}) = +1. \tag{7.42b}$$

Daraus folgen die Beziehungen

$$\frac{-2V}{\omega(T_ü + T_{tE})}\sin\omega\frac{T_ü + T_{tE}}{2}\sin\omega\frac{T_ü - T_{tE}}{2} = 0, \tag{7.43a}$$

$$-\frac{2V}{\omega(T_ü + T_{tE})}\cos\omega\frac{T_ü + T_{tE}}{2}\sin\omega\frac{T_ü - T_{tE}}{2} = -1 \tag{7.43b}$$

und

$$\tan\left(\omega\,\frac{T_ü + T_{tE}}{2}\right) = 0 \qquad (7.44)$$

mit unendlich vielen Wurzeln

$$\omega\,\frac{T_ü + T_{tE}}{2} = (m' + 1)\,\pi, \qquad (7.45)$$

wobei m' eine beliebige ganze Zahl bedeutet. Nach Einsetzen der Wurzeln von (7.45) in (7.42b) wird

$$V = \frac{(-1)^{m'}\left[\frac{T_ü - T_{tE}}{T_ü + T_{tE}}(m' + 1)\right]\pi}{\sin\left[\frac{T_ü - T_{tE}}{T_ü + T_{tE}}(m' + 1)\right]\pi}. \qquad (7.46)$$

Für $m' = 0$, die Grundwelle, ergibt sich die kleinste Verstärkung V für den Grenzfall der Stabilität, so daß nur diese Bedingung berücksichtigt zu werden braucht.

Für die kritische Verstärkung V_0 (bei $m' = 0$) gilt die Beziehung

$$V_0 = \frac{\frac{T_ü - T_{tE}}{T_ü + T_{tE}}}{\sin\frac{T_ü - T_{tE}}{T_ü + T_{tE}}} = \frac{\frac{k_a - 1}{k_a + 1}}{\sin\frac{k_a - 1}{k_a + 1}}. \qquad (7.47)$$

Die kritische Verstärkung V_0 ist also bei der hier benutzten Approximationsfunktion $h_E(t)$ nur von dem Verhältnis

$$\frac{T_ü}{T_{tE}} = \frac{T_t + T_u + T_G}{T_t + T_u} = k_a \qquad (7.48)$$

abhängig, wie aus Abb. 7.14 ersichtlich ist. Je größer das Verhältnis $T_ü/T_{tE}$ ist, umso höher wird die kritische Verstärkung V, was sich auf die erzielbare Regelgenauigkeit günstig auswirkt, wie noch im Abschnitt 8 gezeigt wird.

Aus der Gleichung (7.45) läßt sich mit $m' = 0$ noch die

Frequenz f_0 der Pendelungen an der Stabilitätsgrenze ermitteln, nämlich

$$f_0 = \frac{1}{T_{ü} + T_{tE}}. \tag{7.49}$$

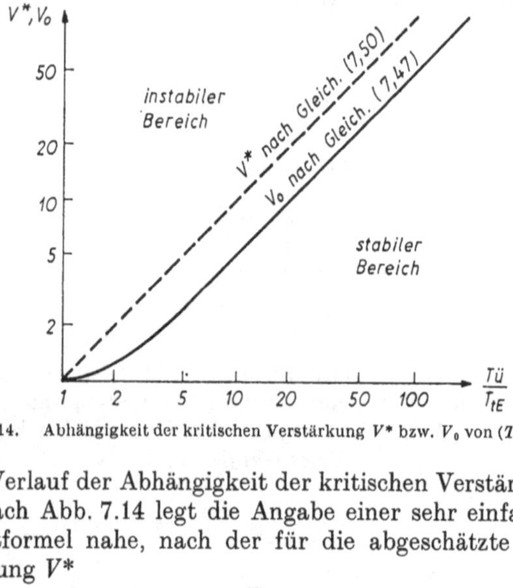

Abb. 7.14. Abhängigkeit der kritischen Verstärkung V^* bzw. V_0 von $(T_ü/T_{t(E)})$

Der Verlauf der Abhängigkeit der kritischen Verstärkung V_0 nach Abb. 7.14 legt die Angabe einer sehr einfachen Faustformel nahe, nach der für die abgeschätzte Verstärkung V^*

$$V^* = \frac{T_ü}{T_{tE}} = k_a \tag{7.50}$$

gilt. Weiter sei noch bemerkt, daß die Berechnung der kritischen Verstärkung V_k bei der Grenze der Stabilität unter Zugrundelegung der Originalübertragungsfunktion $h(t)$ zu wesentlich höheren Werten führt, als sie sich für V_0 und V^* ergeben haben. Es gilt

$$V_k > V^* > V_0 .$$

Die Verwendung der Werte V^* bzw. V_0 würde daher nicht zum Grenzfall der Stabilität des betrachteten geschlossenen Regelkreises führen, sondern zu einem stabilen Übergangsprozeß.

Der Wert des KÜPFMÜLLERschen Stabilitätskriteriums liegt nun nicht nur darin, daß es bei Vorliegen der experimentell ermittelten Übergangsfunktion angewendet werden kann, sondern auch darin, daß Totzeiten, wie sie die verfahrenstechnischen Regelstrecken (Chemie u. a.) häufig besitzen, vorhanden sein dürfen. Dadurch unterscheidet sich dieses Stabilitätskriterium von den drei anderen behandelten, bei denen die vorgegebene Form der Differentialgleichung eine Totzeit nicht berücksichtigte.

Beispiel (siehe 7.3.1; 7.3.2 und 7.3.3): Ausgegangen wird hier von der Differentialgleichung des aufgeschnittenen Regelkreises

$$4\,\frac{\mathrm{d}^3 x_a}{\mathrm{d}t^3} + 13\,\frac{\mathrm{d}^2 x_a}{\mathrm{d}t^2} + 7\,\frac{\mathrm{d}x_a}{\mathrm{d}t} + x_a = k x_e .$$

Die charakteristische Gleichung wird in der Form

$$\begin{aligned} &4p^3 + 13p^2 + 7p + 1 \\ &= 4(p + 2.61)\,(+ +0{,}396)\,(\mathrm{p} + 0{,}240) \\ &= 4(p + \mathrm{a})\,(p + b)\,(p + c) \end{aligned}$$

geschrieben. Daher folgt für die Übergangsfunktion

$$\begin{aligned} h_1(t) = \frac{1}{4}\left\{\frac{1}{abc} - \frac{\mathrm{e}^{-at}}{a(a-b)\,(a-c)} + \frac{\mathrm{e}^{-bt}}{b(a-b)(b-c)}\right. \\ \left. - \frac{\mathrm{e}^{-ct}}{c(a-c)\,(b-c)}\right\} \\ = 1 - 0{,}0183\,\mathrm{e}^{-2{,}61t} + 1{,}836\,\mathrm{e}^{-0{,}396t} - 2{,}82\,\mathrm{e}^{-0{,}240t}. \end{aligned}$$

Für $V = 15$ und $V = 30$ (8.2) sind die Sprungantworten in Abb. 7.15 eingetragen. Ferner wurde die Wendetangente eingezeichnet, die auf der Abszissenachse ein $T_{tE} = 1{,}4$ s und auf den beiden Tangenten an die Kurven parallel zur Zeitachse der Übergangszeit $T_{ü} = 10{,}4$ s abschneidet. Damit ergibt sich unter Benutzung der „Faustformel" (7.50) ein $V^* = 7{,}45$ und nach (Gl. 7.47) sogar nur ein V_0 von etwa 4, während unter Anwendung des Hurwitz-Kriteriums bei Erreichung der Stabilitätsgrenze ein $k = 21{,}75$ gefunden wurde. Die Verschiedenheit der Werte für V^*, V_0 und k erklärt sich aus der approximativen Natur des Küpfmüller-Verfahrens. Es wurde eine solche Approximation gewählt, bei der

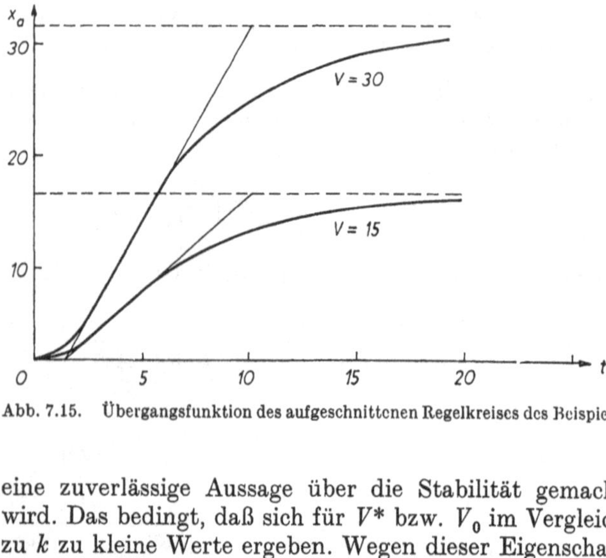

Abb. 7.15. Übergangsfunktion des aufgeschnittenen Regelkreises des Beispieles

eine zuverlässige Aussage über die Stabilität gemacht wird. Das bedingt, daß sich für V^* bzw. V_0 im Vergleich zu k zu kleine Werte ergeben. Wegen dieser Eigenschaft der Approximation wird nämlich bei Verwendung des Wertes V^* oder V_0 nicht die Grenze der Stabilität eingestellt, sondern es ergibt sich ein relativ gedämpfter Übergangsprozeß. In bezug auf k wird also mit einer gewissen „Reserve" gearbeitet. Ein solcher Abstand des verwendeten k-Wertes vom k_{k_r}-Wert an der Stabilitätsgrenze wird beim Entwurf eines Regelkreises immer vorgesehen, damit keine Wurzel zu nahe an der imaginären Achse liegt (Abb. 7.1). Darauf wird auch noch im Abschnitt 8 bei der Erörterung der Güte eingegangen.

7.4. Strukturstabilität

Bei der Untersuchung eines Regelkreises wurde bisher so vorgegangen, daß bei Vorhandensein von Instabilität ein oder mehrere Parameter so abgeändert wurden, daß Stabilität erreicht wurde. Vorzugsweise wurde eine Veränderung des Parameters Verstärkung k vorgenommen, weil er häufig in einem weiten Bereich frei wählbar ist. Die anderen Parameter des Regelkreises liegen dagegen gewöhnlich fest, sobald seine Bauglieder gegeben sind.

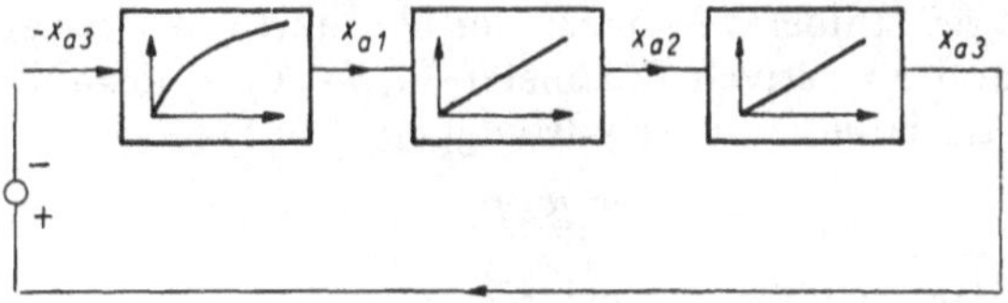

Abb. 7.16. Strukturinstabiler Regelkreis

Nun wird aber die Frage gestellt, ob denn die Veränderung des Wertes eines oder mehrerer Parameter (Zeitkonstante, Verstärkung) in jedem Falle zu einem stabilen Regelkreis führt. Auf eine allgemeine Untersuchung dieser Fragestellung wird verzichtet, sondern nur für einen Fall nachgewiesen, daß durch Parameterveränderung Stabilität *nicht* erzielt werden kann. Ausgegangen wird von dem Regelkreis nach Abb. 7.16 mit dem Gleichungssystem

$$T_1 \frac{\mathrm{d}x_{a1}}{\mathrm{d}t} + x_{a1} = -k_1 x_{a3}, \tag{7.51 a}$$

$$T_2 \frac{\mathrm{d}x_{a2}}{\mathrm{d}t} = x_{a1}, \tag{7.51 b}$$

$$T_3 \frac{\mathrm{d}x_{a3}}{\mathrm{d}t} = x_{a2}, \tag{7.51 c}$$

wobei $T_1 > 0$; $T_2 > 0$; $T_3 > 0$; $k_1 > 0$.

Es besteht also aus einem Trägheitsglied mit Verzögerung 1. Ordnung und zwei integralwirkenden Gliedern.

Als Differentialgleichung des geschlossenen Regelkreises folgt

$$T_1 T_2 T_3 \frac{d^3 x_{a3}}{dt^3} + T_2 T_3 \frac{d^2 x_{a3}}{dt^2} + k_1 x_{a3} = 0 \quad (7.52)$$

und als Übertragungsfunktion

$$G(p) = T_1 T_2 T_3 p^3 + T_2 T_3 p^2 + k_1 = 0, \quad (7.53)$$

wobei also der Koeffizient bei der ersten Ableitung gleich Null ist. Infolgedessen ist der Regelkreis bei beliebiger Wahl der positiven Parameter T_1, T_2, T_3, k_1 instabil, wie dies auch die HURWITZ-Bedingung

$$-T_1 T_2 T_3 k > 0,$$

die nicht erfüllbar ist, zeigt.

Es gibt also mindestens einen einschleifigen Regelkreis, wo bei beliebiger Wahl der als positiv vorausgesetzten Verstärkungskoeffizienten bzw. Zeitkonstanten die vorhandene Instabilität nicht beseitigt werden kann. Ein solcher Regelkreis wird als *strukturinstabil* bezeichnet, zum Unterschied von dem bemessungsinstabilen Regelkreis, der sich durch Parameteränderungen, also Änderung der Bemessung, in einen stabilen überführen läßt. Die Überführung eines strukturinstabilen in einen strukturstabilen Regelkreis wird durch eine geeignete Änderung in seiner Struktur bewirkt.

In dem vorliegenden speziellen Falle wird nach Abb. 7.16 entsprechend Abb. 7.17 eine zusätzliche starre Rückführung vorgesehen.

Vorbereitend wird die aus einem integralwirkenden Gliede und einer starren Rückführung bestehende Rückführschaltung betrachtet. Dafür gilt

$$T_3 \frac{dx_{a3}}{dt} = x_{a2} - k x_{a3} \quad \text{mit} \quad 0 < k \leqq 1 \quad (7.54)$$

oder

$$T_3 \frac{\mathrm{d}x_{a3}}{\mathrm{d}t} + k x_{a3} = x_{a2}$$

bzw.

$$T_3{}^* \frac{\mathrm{d}x_{a3}}{\mathrm{d}t} + x_{a3} = \frac{1}{k} x_{a2}$$

wobei

$$T_3{}^* = \frac{T_3}{k}.$$

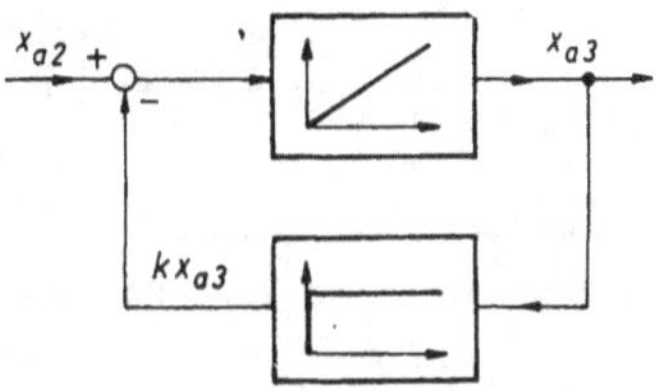

Abb. 7.17. Integrales Übertragungsglied mit starrer Rückführung

Die Rückführschaltung aus dem integralwirkenden Glied und der starren Rückführung ist daher einem Trägheitsglied mit Verzögerung erster Ordnung äquivalent.

Dieses Ergebnis sei noch unter Benutzung der Methode des Frequenzganges bestätigt. Aus der Beziehung

$$G_{\text{ges}}(j\omega) = \frac{G_1(j\omega)}{1 + G_1(j\omega)\, G_2(j\omega)}$$

folgt mit

$$G_1(j\omega) = \frac{1}{j\omega T_3} \quad \text{und} \quad G_2(j\omega) = k$$

$$G_{\text{ges}}(j\omega) = \frac{\dfrac{1}{j\omega T_3}}{1 + \dfrac{k}{j\omega T_3}} = \frac{1}{j\omega T_3 + k} = \frac{1}{k} \cdot \frac{1}{j\omega T_3{}^* + 1}.$$

Für den Regelkreis nach Abb. 7.18 bzw. 7.19 gilt nun die folgende Differentialgleichung:

$$T_1 T_2 T_3^* \frac{d^3 x_{a3}}{dt^3} + (T_2 T_3^* + T_1 T_2) \frac{d^2 x_{a3}}{dt^2} + T_2 \frac{d x_{a3}}{dt} + \frac{k_1}{k} x_{a3} = 0 .$$

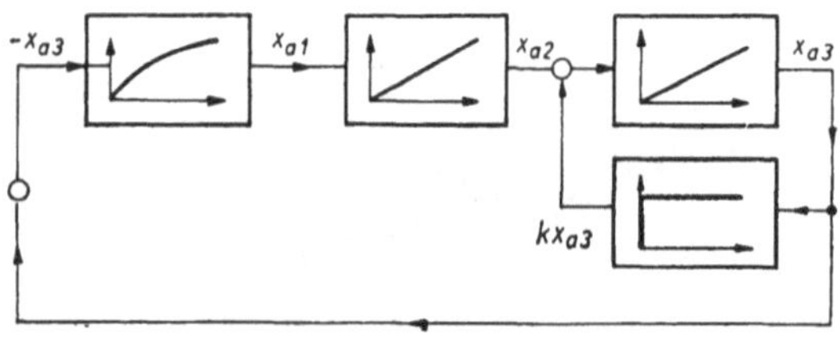

Abb. 7.18. Regelkreis nach 7.16 mit zusätzlicher starrer Rückführung

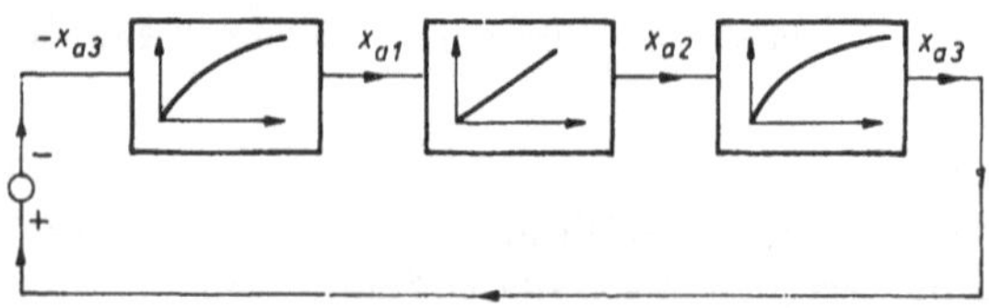

Abb. 7.19. Regelkreis, äquivalent dem von Abb. 7.18

Durch geeignete Wahl von k_1 und k kann demnach in dem speziellen mit einer starren Rückführung versehenen Regelkreis Stabilität erreicht werden. Der strukturstabile Regelkreis ist also in einen strukturstabilen übergeführt worden.

Im allgemeinen Falle ist für die Strukturstabilität eines einschleifigen linearen Regelkreis notwendig und hinreichend, daß die Ungleichungen

$$n_1 + n_2 < 2, \tag{7.55}$$

$$n > 4 n_3$$

erfüllt sind, wobei

n_1 die Zahl der Glieder mit $G(p) = \dfrac{1}{pT}$,

n_2 die Zahl der Glieder mit $G(p) = \dfrac{1}{Tp - 1}$,

n_3 die Zahl der Glieder mit $G(p) = \dfrac{1}{T^2p^2 + 1}$

und n den Grad der charakteristischen Gleichung bedeuten.

8. Zur Güte des Regelkreises

Das Problem der Stabilität des geschlossenen Regelkreises wurde im Abschnitt 7 verhältnismäßig ausführlich und unter verschiedenen Gesichtspunkten betrachtet, weil nur ein stabiler Regelkreis die ihm gestellte Aufgabe durchführen kann.

Nun ist aber die Frage aufzuwerfen, wie denn ein linearer Regelkreis aufzubauen und zu dimensionieren ist, damit er nicht nur stabil ist, sondern auch die ihm durch die Aufgabenstellung vorgeschriebenen Bedingungen erfüllt. Diese können darin bestehen, daß in der Übergangsfunktion die zulässige Überschwingweite x_m und die zulässige Dauer des Übergangsprozesses t_z und im stabilen stationären Zustand eine hinreichende Regelgenauigkeit von $\pm\Delta_0$ eingehalten werden, wie dies in Abb. 8.1 skizziert ist. Diese Forderungen werden zusammen mit anderen, die hier nicht berücksichtigt werden können, unter dem Begriff der Güte zusammengefaßt. Im folgenden wird aber nur die statische und dynamische Güte des vorgegebenen Regelkreises analysiert, während die viel schwierigere Aufgabe der Synthese eines Regelkreises mit vorgegebener Güte nicht behandelt werden kann.

Zunächst wird in 8.1 die Dimensionierung des geschlossenen Regelkreises in bezug auf das statische Verhalten betrachtet.

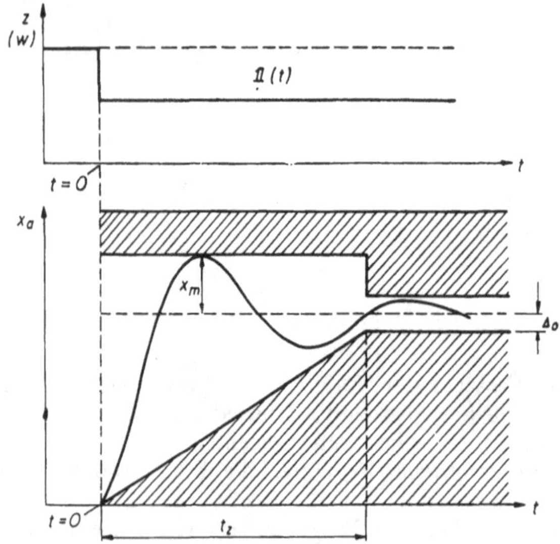

Abb. 8.1. Zulässige Überschwingweite x_m und zulässige Dauer T_z des Übergangsprozesses

In 8.2 wird die Güte der Dynamik in Abhängigkeit von der Dimensionierung des Regelkreises untersucht, und zwar werden die folgenden Methoden benutzt:

1. lineares Integralkriterium,
2. quadratisches Integralkriterium,
3. Einstellregeln auf Grund von Experimenten.

8.1. Statisches Verhalten des Regelkreises

Zur Beurteilung des statischen Verhaltens des Regelkreises, das sich nach Abklingen vorhandener Übergangsprozesse einstellt, wird von der Übertragungsfunktion des aufgeschnittenen Regelkreises ausgegangen,

$$W(p) = \frac{B_0 p^m + \cdots + B_{m-1} p + B_m}{A_0 p^n + \cdots + A_{n-1} p + A_n}$$

$$= K \frac{(p - p_1) \cdots (p - p_m)}{(p - p_1') \cdots (p - p_n')}$$

$$= V \frac{\dfrac{B_0}{|B_m|} p^m + \cdots + \dfrac{B_{m-1}}{|B_m|} p \pm 1}{\dfrac{A_0}{|A_n|} p^n + \cdots + \dfrac{A_{n-1}}{|A_n|} p \pm 1} = V G(p), \quad (8.1)$$

$$\text{wobei } V = \left| \frac{B_m}{A_n} \right| = |W(0)| \quad \text{und} \quad |G(0)| = 1 \text{ ist.} \quad (8.2)$$

Die statische Verstärkung ist demnach durch $|W(0)| = V$ festgelegt und ist der Betrag des stationären Wertes der Ausgangsgröße im Verhältnis zur Eingangsgröße.

Für eine Regelstrecke mit Ausgleich (also mit P-Verhalten) würde bei der Einwirkung der Störung z ohne Benutzung einer Regeleinrichtung am Ausgang die Regelgrößenänderung

$$x_a^* = V_S z \quad (8.3)$$

auftreten, wobei V_S die statische Verstärkung der Regelstrecke bedeutet.

Bei Betrachtung eines geschlossenen Regelkreises, wobei die Regeleinrichtung die statische Verstärkung V_R besitzt, ergibt sich nach (4.11) (8.1)

$$\frac{x_a}{z} = \frac{V_S}{1 + V_R V_S}. \quad (8.4)$$

Wird nun als Maß für die Wirksamkeit der Regelung der Einfluß ein und derselben Störgröße z benutzt, so läßt sich aus beiden Fällen, auf den statischen Zustand bezogen, das Verhältnis

$$\frac{x_a}{x_a^*} = R = \frac{1}{1 + V_S V_R} = \frac{1}{1 + V_0} \quad (8.5)$$

bilden. Dabei ist $V_0 = V_S V_R$ die Verstärkung des aufgeschnittenen Regelkreises. Je kleiner der in Gl. (8.5) gebildete Regelfaktor ist, um so weniger wirkt sich unter Verwendung eines Regelkreises eine vorgegebene Störgröße z aus, und zwar im Verhältnis zu dem Fall, bei dem eine Regelung nicht vorgesehen, eine Regeleinrichtung also nicht vorhanden ist. Das Bestreben geht infolgedessen dahin, den Regelfaktor R bei Einsatz von Regeleinrichtungen mit proportionaler Wirkung möglichst klein zu machen. Dem steht aber entgegen, daß sich bei anwachsendem V_0 der Übergangsprozeß ungünstiger gestaltet und bei hinreichend hohem V_0 die Stabilität des Regelkreises verlorengeht. Daher muß ein solcher Wert V_0 verwendet werden, daß sowohl ein hinreichend kleiner Regelfaktor, als auch ein befriedigender Übergangsprozeß resultiert.

Bei einem Regelkreis mit einem integral wirkenden Glied (I-Glied) wird der Regelfaktor $R = 0$, da formal $V_{0\mathrm{int}} = \infty$.

Schließlich sei noch bemerkt, daß zwischen der Verstärkung K und der statischen Verstärkung V der folgende Zusammenhang besteht:

$$K \frac{(-p_1) \cdots (-p_m)}{(-p_1') \cdots (-p_n')} = V. \tag{8.6}$$

8.2. Einfache Gütekriterien [8]

Neben der Erfüllung der an den Regelkreis im Beharrungszustand zu stellenden Forderungen müssen aber auch die viel schwieriger einzuhaltenden Ansprüche an ein gutes dynamisches Verhalten gewährleistet sein. Zunächst sei nochmals auf Abb. 8.1 hingewiesen. Darüber hinaus ist zu berücksichtigen, daß bei den Gliedern des Regelkreises energetische oder materielle Änderungen auftreten, wenn er von einem Zustand in einen anderen übergeht. Sie verlaufen um so schneller, je geringer die

Kapazität der im Regelkreis vorhandenen Speicher ist. In dieser Hinsicht sind jedoch durch die Bedingungen der Realisierung, wie Haltbarkeit usw. relativ enge Grenzen gesetzt. Eine weitere Ursache, die sich auf die Schnelligkeit des Übergangsprozesses nachteilig auswirkt, ist die Beschränkung der Leistungen, die durch die Bauglieder fließen, um z. B. Überlastungen zu vermeiden. Eine eingehende Behandlung des Problems der günstigsten Auslegung eines Regelkreises, also seiner Optimierung, kann hier wegen seiner Komplexität und Kompliziertheit nicht vorgenommen werden.

Um aber zumindest zu begrenzten Aussagen über die Güte eines Regelkreises zu gelangen, wird die sogenannte optimale Dimensionierung kurz betrachtet. Benutzt werden Verfahren, die Angaben über die günstige Einstellung von Parametern eines in seiner Struktur bereits vorgegebenen Regelkreises liefern. Bei der Verwendung der Integralkriterien wird vorausgesetzt, daß der geschlossene Regelkreis durch eine Differentialgleichung der Form Gl. (7.4) beschrieben werden kann und daß die Wurzeln der charakteristischen Gleichung in der linken Halbebene liegen. Im speziellen Anwendungsfall soll nun die Güte des Regelkreises mittels eines geeigneten Kriteriums charakterisiert werden.

8.2.1. Lineares Integralkriterium

Nach einer sprungförmigen Eingangsgröße tritt ein aperiodischer Übergangsprozeß ein, wenn alle Wurzeln der charakteristischen Gleichung negativ und reell und die Anfangsbedingungen gleich Null sind. Gesucht ist ein Kriterium, das die verschieden ausfallenden aperiodischen Übergangsprozesse zu charakterisieren und zu vergleichen gestattet und das außerdem einfach auswertbar ist. Geeignet ist ein der Aufgabe angepaßtes Zeitintegral von der vorgegebenen absolut integrierbaren Funktion der Regelgröße $x(t)$. Für die vorausgesetzten aperiodischen Übergangsprozesse bietet sich das lineare Integralkriterium I_1 an, und zwar in der Form

$$I_1 = \int_0^\infty x(t)\,\mathrm{d}t. \tag{8.7}$$

Dabei wird von der Überlegung ausgegangen, daß der dynamische Vorgang um so günstiger verläuft, je kleiner bei Einwirkung von $1(t)$ die Fläche unter der Kurve ist. Sie läßt sich durch direkte Auswertung des Integrals I_1 im Zeitbereich ermitteln, und zwar auf Grund der Kenntnis der Beziehung für die (aperiodische) Übergangsfunktion $x_a(t)$.

Bequemer wird aber der Wert für das Integral I_1 durch Anwendung der Regeln der LAPLACE-Transformation ermittelt. Es ist nämlich

$$\mathcal{L}\,\{x(t)\} = \int_0^\infty x(t)\,\mathrm{e}^{-pt}\,\mathrm{d}t = X(p), \tag{8.8}$$

und folglich

$$\int_0^\infty x(t)\,\mathrm{d}t = \lim_{p\to 0} \mathcal{L}\,[x(t)] \tag{8.9}$$

oder (bei Vorliegen des Einheitssprunges für z)

$$I_1 = \left[\frac{1}{p}\,G^*(p)\right]_\infty^0 = X(0). \tag{8.10}$$

In den Abbildungen 8.2 und 8.3 sind typische Verläufe der Regelgröße in Abhängigkeit von der Zeit t angegeben. Der zu Abb. 8.2 gehörende Regelkreis enthält eine Regeleinrichtung mit integralwirkendem Glied, wobei sich für das lineare Integralkriterium ein endlicher Wert einstellt.

Der Regelkreis, der die Übergangsfunktion von Abb. 8.3 liefert, gibt dagegen infolge des Fehlens integraler Wirkung für $t \to \infty$ auf Grund der bleibenden Proportionalabweichung einen gegen unendlich gehenden Wert von I_1. Deshalb wird für das Integralkriterium nur die schraffierte Fläche berücksichtigt.

Um zu einer optimalen Dimensionierung zu kommen, muß nun aus der Menge der möglichen Werte für das Integralkriterium I_1 der Minimalwert bestimmt werden.

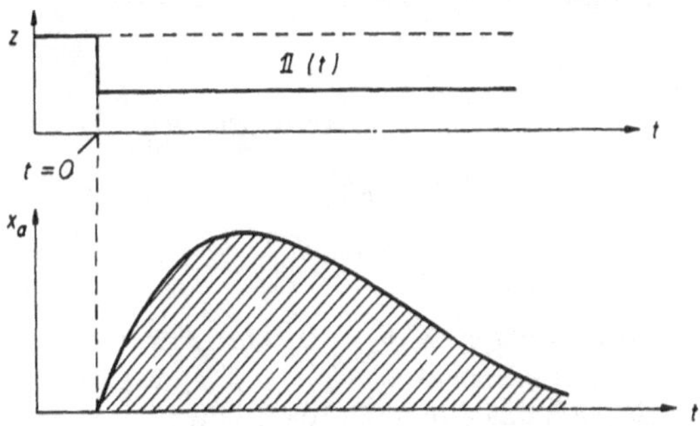

Abb. 8.2. Regelfläche I_1 bei Regeleinrichtung mit I-Glied

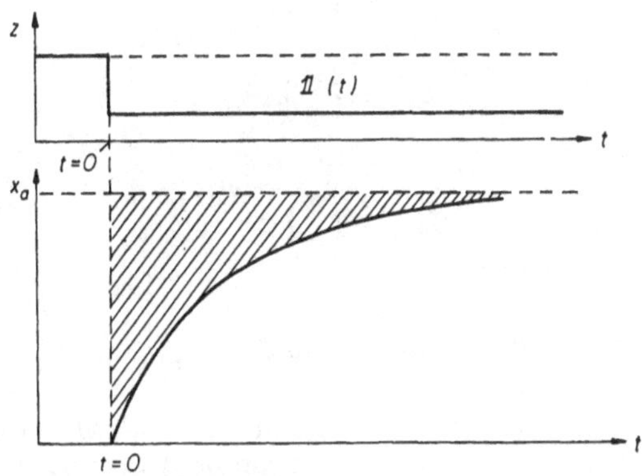

Abb. 8.3. Regelfläche I_2 bei Regeleinrichtung mit P-Glied

Ausgegangen wird von der charakteristischen Gleichung, die nur negative reelle Wurzeln besitzen soll. Damit reduziert sich die Suche nach dem Minimum von I_1 auf die Frage nach der Bestimmung der günstigsten Lage der Wurzeln auf der negativen reellen Achse, wobei offenbar der Fall der Mehrfachwurzel den günstigsten Fall darstellt. Der Grenzfall der Aperiodizität liefert daher den kleinsten Wert für I_1, der überdies einfach zu bestimmen ist. Um die n-fache Wurzel der charakteristischen Gleichung zu finden, wird statt der Gleichung

$$A_0 p^n + \cdots + A_{n-1} p + A_n = 0$$

die folgende benutzt, und zwar nebst ihren Ableitungen

$$N(p) = p^n + C_{n-1} p^{n-1} + \cdots + C_0 = 0, \qquad (8.11)$$

$$N'(p) = n p^{n-1} + (n-1) C_{n-1} p^{n-2} + \cdots + C_1 = 0,$$

$$\cdots\cdots\cdots\cdots\cdots\cdots\cdots\cdots$$

Aus den Gleichungen $N(p) = 0$ bis $N^{(n-1)} = 0$ lassen sich dann die Koeffizienten $C_0, \ldots, C_{n-1}$ bestimmen. Benutzen läßt sich das äquivalente Gleichungssystem

$$\begin{aligned} C_{n-1} &= \binom{n}{1} p_1, \\ C_{n-2} &= \binom{n}{2} p^2, \\ &\cdots\cdots\cdots\cdots \\ C_0 &= \binom{n}{n} p^n. \end{aligned} \qquad (8.12)$$

8.2.2. *Quadratisches Integralkriterium* I_2

Die Anwendung des linearen Integralkriteriums I_1 setzt voraus, daß der Übergangsprozeß aperiodisch vor sich geht. Stellt sich dagegen ein abklingender Schwingungsverlauf wie in Abb. 8.4 ein, so gibt das lineare Kriterium I_1 falsche, nämlich zu niedrige Werte, weil sich die mit einem Minuszeichen versehenen Flächen von den mit dem Pluszeichen gekennzeichneten subtrahieren. Es muß also ein für diesen Fall geeignetes Integralkriterium herangezogen werden. Gewählt wird das auch theoretisch wichtige quadratische Integralkriterium I_2, nämlich die quadratische Regelfläche ([8], [9])

$$I_2 = \int_0^\infty [x(t) - x(\infty)]^2 \, \mathrm{d}t. \tag{8.13}$$

Mit diesem Integralkriterium können auch überschwingende Übergangsprozesse beurteilt werden. Das ist deshalb von Wert, weil mäßig überschwingende Prozesse häufig eine kürzere Übergangszeit beanspruchen als periodische.

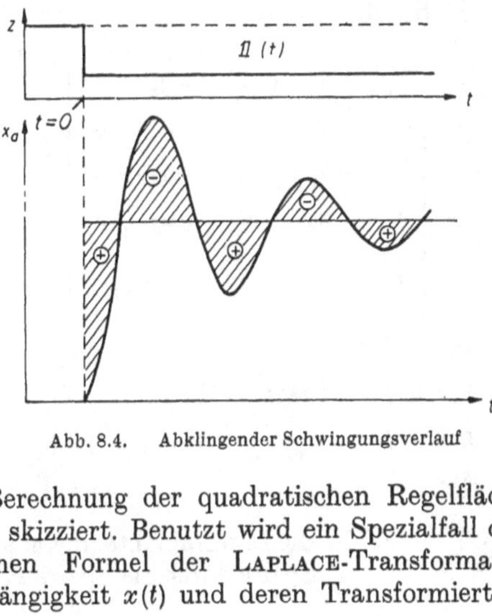

Abb. 8.4. Abklingender Schwingungsverlauf

Die Berechnung der quadratischen Regelfläche wird hier nur skizziert. Benutzt wird ein Spezialfall der PARSEVALschen Formel der LAPLACE-Transformation für die Abhängigkeit $x(t)$ und deren Transformierter $X(p)$, nämlich

$$\int_0^\infty x^2(t) \, \mathrm{d}t = \frac{1}{2\pi j} \int_{-j\infty}^{+j\infty} X(p) \, X(-p) \, \mathrm{d}p. \tag{8.14}$$

Wenn die LAPLACE-Transformierte von $X(p)$ für eine sprungförmige Einwirkung in der Form

$$X(p) = \frac{b_0 + b_1 p + \cdots + b_m p^m}{a_0 + a_1 + \cdots + a_n p^n} \cdot \frac{1}{p} \tag{8.15}$$

vorliegt und die Wurzeln der Gleichung

$$a_n p^n + a_{n-1} p^{n-1} + \cdots + a_0 = 0$$

negative Realteile besitzen, so gilt mit $x(\infty) = 0$ für das Integralkriterium I_2

$$I_2 = \int_0^\infty x^2 \, \mathrm{d}t = \frac{1}{2 a_0^2 \varDelta} (B_0^* \varDelta_0 + B_1^* \varDelta_1 + \cdots + B_m^* \varDelta_m - 2 b_0 b_1 \varDelta), \tag{8.16}$$

wobei

$$\varDelta = \begin{vmatrix} a_0 & -a_2 & a_4 & -a_6 \cdots 0 \\ 0 & a_1 & -a_3 & a_5 \cdots 0 \\ 0 & -a_0 & a_2 & -a_4 \cdots 0 \\ 0 & 0 & -a_1 & a_3 \cdots 0 \\ & & & \\ 0 & 0 & & a_{n-1} \end{vmatrix} \tag{8.17}$$

und

$$\begin{aligned} B_0^* &= b_0^2 \\ B_1^* &= b_1^2 - 2 b_0 b_2 \\ B_k^* &= b_k^2 - 2_{b_{k-1} b_{k-1}} + \cdots 2(-1)^k b_0 b_{2k} \\ B_m^* &= b_m^2 . \end{aligned} \tag{8.18}$$

$\varDelta_\nu (\nu = 0, 1, \ldots, m)$ ist die Determinante, die aus $\varDelta$ durch Austausch der $(\nu + 1)$-Spalte durch die Spalte $a_1, a_0, \ldots, 0$ entsteht.

Das Vorgehen wird im Abschnitt 9 an einem Beispiel erläutert.

8.2.3. *Experimentelle Einstellung der Güte* [6], [7]

Oft erhebt sich die Frage nach dem Vorgehen bei der Optimierung eines Regelkreises, wenn seine Differentialgleichung nicht bekannt ist bzw. nicht ermittelt werden kann. Diese Frage ist von großer praktischer Bedeutung für den Betrieb von industriellen Regelkreisen.

Eine Reihe von Verfahren sind bereits bekannt, unter deren Benutzung eine approximative Optimierung vorgenommen werden kann. Hier soll nur das Verfahren nach NICHOLS-ZIEGLER skizziert werden. Dabei liegt ein Gütekriterium in dem Sinne vor, daß unter seiner Benutzung ein günstiges dynamisches Verhalten des Regelkreises erzielt wird. Um diese Variante der Bemessungsoptimierung durchzuführen, wird wie folgt verfahren. In der Regeleinrichtung werden der I- und/oder der D-Anteil abgeschaltet ($T_v \to 0$, $T_n \to \infty$), so daß nur der P-Anteil wirksam bleibt. Dann wird der Verstärkungsfaktor K_R der Regeleinrichtung (Abschnitt 6) so weit vergrößert, bis der Regelkreis die Stabilitätsgrenze erreicht, also ungedämpfte Schwingungen (Pendelungen) ausführt. Der dabei ermittelte „kritische Verstärkungsfaktor" sei mit K_{kr} bezeichnet. Ferner wird bei geschlossenem Regelkreis die Schwingungsdauer T_{kr} einer vollen Schwingung an der Stabilitätsgrenze gemessen. Unter Benutzung der so ermittelten Werte für K_{kr} und T_{kr} haben nun NICHOLS-ZIEGLER für Regeleinrichtungen mit verschiedenartigem dynamischen Verhalten Einstellregeln angegeben, und zwar für die

P-Regeleinrichtung $\quad K_R = 0{,}5\, K_{kr}$,

PI-Regeleinrichtung $\quad K_R = 0{,}4\, K_{kr}$,
$\quad T_n = 0{,}85\, T_{kr}$,

PID-Regeleinrichtung $\quad K_R = 0{,}6\, K_{kr}$,
$\quad T_n = 0{,}5\, T_{kr}$,
$\quad T_v = 0{,}12\, T_{kr}$.

Diese Werte liefern gewisse Hinweise, welche Regeleinrichtungen bevorzugt werden. Weiter sei auf die verschieden großen Verstärkungsfaktoren K_R hingewiesen.

Der bei Benutzung der P-Regeleinrichtung angegebene Wert liegt relativ hoch, doch ist das Vorhandensein der bleibenden Proportionalabweichung X_P in Betracht zu ziehen. Damit diese klein bleibt, muß der Regelfaktor ebenfalls möglichst klein, V_0 aber, der Verstärkungsfaktor des aufgeschnittenen Regelkreises, möglichst groß sein.

Bei der *PI*- bzw. *PID*-Regeleinrichtung liegen andere Verhältnisse vor, da in einem linearen Regelkreis der *I*-Anteil den statischen Fehler beseitigt. Weiter ist auf die Unterschiede in den Werten für die Nachstellzeit T_n und die Verschiedenheit von T_n und der Vorhaltzeit T_v hinzuweisen.

Insgesamt gesehen, arbeitet der Regelkreis unter Verwendung einer *PID*-Regeleinrichtung am günstigsten. Überdies ist die *PID*-Regeleinrichtung auf Grund der Einstellmöglichkeit von K_R, T_n, T_v im Rahmen der betrachteten Regelkreise am anpassungsfähigsten. Anschließend folgen in Tabelle 8.1 noch einige orientierende Angaben über Kennwerte von T_n und T_v bei einigen technischen Regelungen:

Tabelle 8.1.

	T_n	T_v
Temperaturregelungen	50 ··· 1000 s	5 ··· 200 s
Drehzahlregelungen (Turbinen)	5 ··· 50 s	0,5 ··· 5 s
el. Spannungsregelungen	0,5 ··· 10 s	0,05 ··· 1 s

8.3. Güteverbesserung durch Strukturänderung

Die Möglichkeiten der Bemessungsoptimierung eines in seiner Struktur vorgegebenen Regelkreises sind begrenzt. Lassen sich die Forderungen der Aufgabenstellung nicht erfüllen, so ist die Frage einer geeigneten Strukturänderung zu prüfen. In Betracht kommt vor allem die Einfügung einer zweckmäßig angebrachten, strukturierten und dimensionierten Korrektureinrichtung. Wegen der Mannigfaltigkeit der vorgegebenen Regelkreise und der an sie gestellten Forderungen sind die Korrektureinrichtungen in ihrem Aufbau, ihrem physikalischen Charakter und vor allem in ihrer Wirkung auf die Dynamik recht unterschiedlich.

Eine Änderung der Struktur des Regelkreises wird in den folgenden beiden Richtungen vorgenommen:

1. Serienkorrektur,
2. Parallelkorrektur.

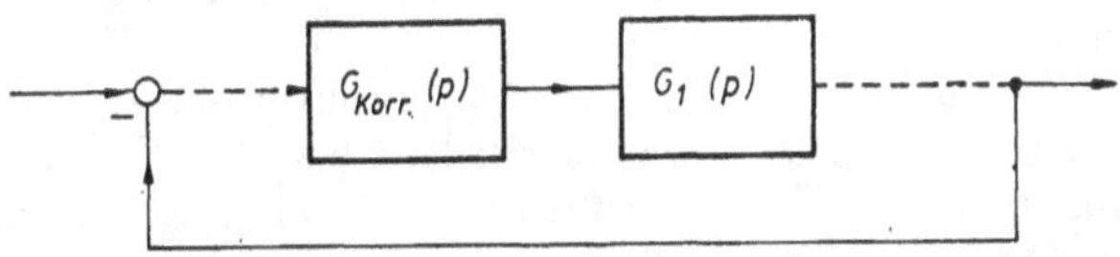

Abb. 8.5. Korrektureinrichtung in Serie

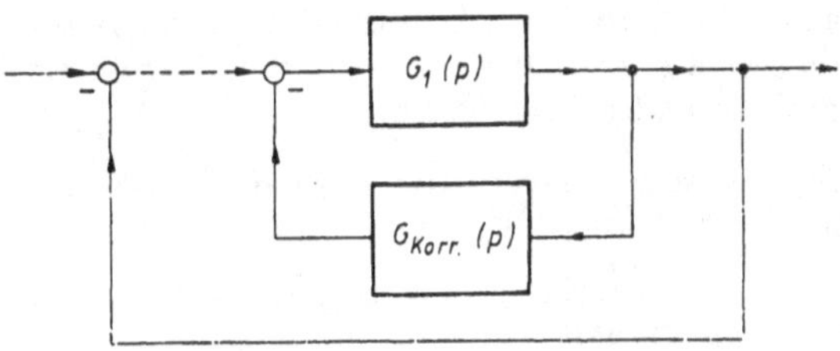

Abb. 8.6. Korrektureinrichtung parallel

Wie in Abb. 8.5 angedeutet, liegen Serienkorrektureinrichtungen in Reihe mit den anderen Gliedern des Regelkreises. Parallelkorrektureinrichtungen werden dagegen meist in Form von Rückführungen parallel zu den geeigneten Regelkreisgliedern angebracht (Abb. 8.6).

Beide Arten von Korrektureinrichtungen können passiv oder aktiv sein. Aktive Glieder enthalten eine Energiequelle zur Speisung der Verstärkungseinrichtung. Für die Ausbildung des Korrekturgliedes ist die Art des Signals von wesentlicher Bedeutung, je nachdem es sich z. B. im Falle einer elektrischen Regelung um ein Quasigleichspannungssignal oder ein einer Trägerfrequenz aufmoduliertes Signal handelt.

Weil bei der Frage der Änderung bzw. Erweiterung der Struktur eines Regelkreises zwecks Verbesserung seiner Dynamik im Grunde ein Syntheseproblem vorliegt, das viel schwieriger zu behandeln ist als das vorher unter einigen Gesichtspunkten betrachtete Problem der Analyse, müssen im gegebenen Rahmen einige grob qualitative Ausführungen genügen, die dann im nächsten Abschnitt durch ein gerechnetes Beispiel in Varianten erläutert werden.

Nun soll im Anschluß an das NYQUIST- bzw. KÜPFMÜLLER-Kriterium skizziert werden, wie der Frequenzgang bzw. die Übergangsfunktion des aufgeschnittenen Regelkreises in ihrem Verlauf durch eine Korrektureinrichtung verändert werden müßten, um das erwünschte dynamische Verhalten besser anzunähern. Um möglichst einfache und übersichtliche Verhältnisse zu haben, wird vorausgesetzt, daß der vorgegebene Regelkreis kein integralwirkendes Glied besitzt.

a) *Gegeben ist der Frequenzgang des aufgeschnittenen Regelkreises*

Unter Heranziehung des Regelfaktors R wäre das statische Verhalten des Regelkreises um so günstiger, je höher die Verstärkung V_0 gewählt wurde, wenn nicht die Forderung auf Stabilität und Güte dem entgegen stünden. In Abb. 8.7 ist nun der Frequenzgang des aufgeschnittenen unkorrigierten Regelkreises bei zwei verschiedenen V eingetragen. Mit $V_1 G(j\omega)$ wird zwar Stabilität erreicht, doch läßt das stationäre Verhalten auf Grund des zu kleinen Wertes von V_1 zu wünschen übrig. Bei Wahl des größeren V_2 würde ein Frequenzgang resultieren, der zu einem instabilen Regelkreis gehört. Der in seinem Verlauf abgeänderte Frequenzgang $V_2 G_a(j\omega)$, der bei hohen Frequenzen mit $V_1 G(j\omega)$ und bei $\omega = 0$ mit $V_2 G(j\omega)$ zusammenfällt und in Abb. 8.6 ebenfalls eingetragen ist, würde jedoch eine Verbesserung der Güte des geschlossenen Regelkreises erbringen. Um $V_2 G_a(j\omega)$ zu erhalten, kann versucht werden, ein geeignetes korrigierendes Netzwerk einzufügen.

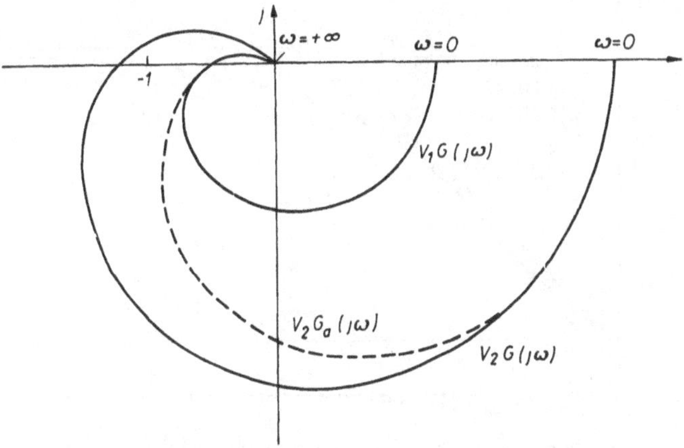

Abb. 8.7 Korrigierter Frequenzgang $V_2 G_a(j\omega)$ des aufgeschnittenen Regelkreises

b) *Gegeben ist die Übergangsfunktion des aufgeschnittenen Regelkreises*

Beim KÜPFMÜLLER-Stabilitätskriterium wurde gezeigt, daß die sich nach Anlegen der Wendetangente ergebende Ersatztotzeit T_{tE} möglichst klein ausfallen sollte, damit der Quotient $(T_ü/T_{tE})$ und damit das V_{kr} möglichst groß werden. Eine Verbesserung des dynamischen Verhaltens des geschlossenen Regelkreises ließe sich erreichen, wenn mittels einer zusätzlichen Korrektureinrichtung der Anfangsbereich der Übergangsfunktion, zu dem vor allem die höheren Frequenzkomponenten beitragen, so abgeändert würde, daß die Ersatztotzeit T_{tE} verkleinert wird. Dazu wird eine korrigierende Einrichtung benötigt, die die Übergangsfunktion $h_1(t)$ mit $T_{tE} = \alpha$ in ihrem Verlauf so verändert, daß die Übergangsfunktion $h_2(t)$ mit $T_{tE} = \beta$ erhalten wird (Abb. 8.8).

Diese Bemerkungen zur Frage der Güteverbesserung durch Strukturänderung müssen hier genügen.

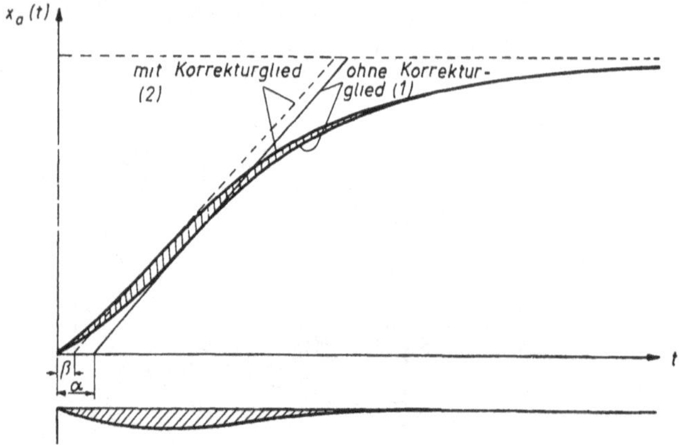

Abb. 8.8. **Korrigierte Übergangsfunktion (2) des aufgeschnittenen Regelkreises**

9. Rechnerische Behandlung eines Regelkreises mit Varianten

Zur Veranschaulichung soll im vorliegenden Rahmen ein Regelkreis mit Varianten durchgerechnet werden. An das Beispiel des Drehzahlregelkreises von Abb. 6.9 wird jedoch nicht angeknüpft, weil sich Differentialgleichungen noch zu hoher Ordnung mit dem entsprechenden Rechenaufwand ergeben.

Das sehr einfache nun folgende Beispiel wird in den folgenden Varianten behandelt:

1. Variante: Grundregelkreis,
2. Variante: Grundregelkreis mit zusätzlicher starrer Rückführung,

3. Variante: Grundregelkreis mit zusätzlicher nachgebender Rückführung,
4. Variante: Grundregelkreis mit zusätzlichem differenzierenden Glied.

Zuerst wird bei jeder Variante die Differentialgleichung bzw. die Übergangsfunktion ermittelt. Dann werden die Übergangsfunktion, die lineare und die quadratische Regelfläche ermittelt und ein Zahlenbeispiel angeführt.

9.1. *Variante 1: Grundregelkreis*

Ausgegangen wird von dem Regelkreis nach Abb. 9.1. Die Regelstrecke besitzt integrales Verhalten und ihre Differentialgleichung lautet

$$T_1 \frac{\mathrm{d}x_a}{\mathrm{d}t} = x_e. \tag{9.1}$$

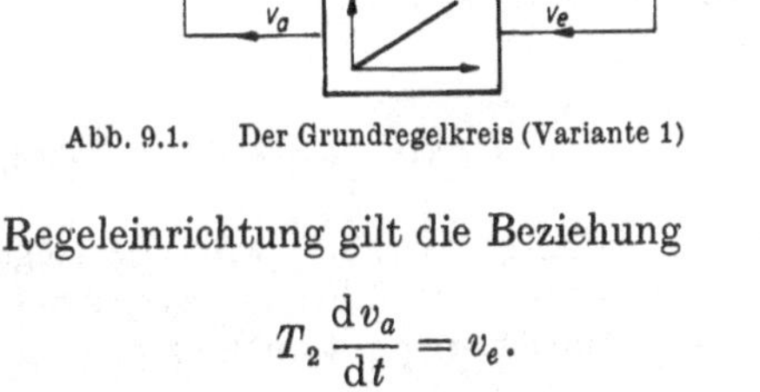

Abb. 9.1. Der Grundregelkreis (Variante 1)

Für die Regeleinrichtung gilt die Beziehung

$$T_2 \frac{\mathrm{d}v_a}{\mathrm{d}t} = v_e. \tag{9.2}$$

Die Faktoren k sind beide gleich Eins angenommen, um möglichst einfache Verhältnisse zu haben.

Am Eingang der Regelstrecke ist eine Störgröße $z(t)$ wirksam, so daß

$$x_e(t) = z(t) - v_a(t) \tag{9.3}$$

die Schließungsbedingung des Regelkreises ist. Damit folgt als Differentialgleichung des geschlossenen Regelkreises

$$T_1 T_2 \frac{d^2 x_a}{dt^2} + x_a = T_2 \frac{dz}{dt} \tag{9.4}$$

bzw. für die Übertragungsfunktion

$$\Phi(p) = \frac{T_2 p}{T_1 T_2 p^2 + 1}.$$

Für die Stabilität ist die Lage der Wurzeln der charakteristischen Gleichung

$$T_1 T_2 p^2 + 1 = 0 \tag{9.5}$$

entscheidend, die auf der imaginären Achse liegen:

$$p_{1,2} = \pm j \frac{1}{\sqrt{T_1 T_2}}. \tag{9.6}$$

Der Regelkreis befindet sich daher unabhängig von der Wahl der Parameter $T_1 T_2$ an der Stabilitätsgrenze und ist unbrauchbar. Durch Vergleich mit Abb. 7.16 ist zu erkennen, daß ein zusätzliches in Reihe geschaltetes Trägheitsglied Strukturinstabilität des geschlossenen Regelkreises zur Folge hat.

9.2. Variante 2: Grundregelkreis mit starrer Rückführung

Bei dieser Variante (Abb. 9.2) wird die Regeleinrichtung mit einer starren Rückführung ausgerüstet.

Für die Regeleinrichtung gilt auch hier

$$T_2 \frac{dv_a}{dt} = v_e, \tag{9.2}$$

während die Schließungsbedingung des Rückführzweiges

$$v_e = x_a - k v_a \tag{9.7}$$

lautet. Daraus folgt

$$T_2 \frac{\mathrm{d}v_a}{\mathrm{d}t} + kv_a = x_a. \tag{9.8}$$

Unter Berücksichtigung von (9.2), (9.3) ergibt sich die Differentialgleichung des geschlossenen Regelkreises mit starrer Rückführung,

$$T_1 T_2 \frac{\mathrm{d}^2 x_a}{\mathrm{d}t^2} + kT_1 \frac{\mathrm{d}x_a}{\mathrm{d}t} + x_a = T_2 \frac{\mathrm{d}z}{\mathrm{d}t} + kz, \tag{9.9}$$

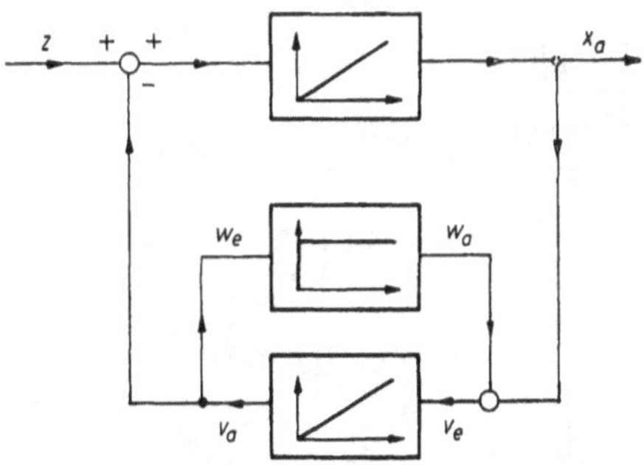

Abb. 9.2. Der Grundregelkreis mit starrer Rückführung (Variante 2)

während die Übertragungsfunktion

$$\frac{X_a(p)}{Z(p)} = \Phi(p) = \frac{T_2 p + k}{T_1 T_2 p^2 + kT_1 p + 1} \tag{9.10}$$

lautet. Bei der Stabilitätsbetrachtung wird davon ausgegangen, daß $T_1 > 0; T_2 > 0; k > 0$. Daher besitzt die charakteristische Gleichung

$$T_a T_2 p^2 + kT_2 p + 1 = 0 = A_0 p^2 + A_1 p + A_2 \tag{9.11}$$

nur positive Koeffizienten und die Wurzeln

$$p_{1,2} = -\frac{k}{2T_2} \pm \sqrt{\frac{k^2}{4T_2^2} - \frac{1}{T_1 T_2}}. \tag{9.12}$$

Da beide Wurzeln einen negativen Realteil besitzen, ist der vorliegende Regelkreis mit starrer Rückführung immer stabil.

Nun wird der Ausdruck für die lineare Regelfläche I bestimmt, um dann den Wert von k zu suchen, der den Grenzfall der Aperiodizität liefert. Um die Übergangsfunktion zu ermitteln, wird von Gl. (9.10) ausgegangen. Wirkt auf den Eingang des Regelkreises eine Störung in Form des Einheitssprunges, so gilt im Bildbereich

$$Z(p) = \frac{1}{p} \tag{9.13}$$

und damit folgt

$$X_a(p) = \frac{T_2 + k}{p(T_1 T_2\, p^2 + k T_1 p + 1)}. \tag{9.14}$$

Der stationäre Wert von $x_a(t)$ ergibt sich nach dem Grenzwertsatz der LAPLACE-Transformation zu

$$\lim_{t\to\infty} x_a(t) = \lim_{p\to 0} p X_a(p) = k. \tag{9.15}$$

Dabei ist k die bei der P-Regeleinrichtung, die durch die starre Rückführung aus der I-Regeleinrichtung entstanden ist, vorhandene Abweichung vom Wert Null im stationären Zustand. Es ist aber nicht sinnvoll, zur Bewertung von Übergangsprozessen, die einem von Null verschiedenen Grenzwert zustreben, die lineare Regelfläche I_1 anzuwenden, weil das Integral divergiert. Es gilt nämlich nach (9.14) und (9.15)

$$I_1 = \int_0^\infty x_a(t)\,\mathrm{d}t = \infty. \tag{9.16}$$

Um zu einem endlichen Wert für die Regelfläche zu kommen, wird die Differenz zwischen dem stationären Wert k und $x_a(t)$ gebildet,

$$x(t) = k - x_a(t), \tag{9.17}$$

und die lineare (endliche) Regelfläche I_1 für die Funktion $x(t)$ ermittelt.

Es gilt zunächst

$$X^*(p) = \frac{k}{p} - X_a(p) = \frac{T_1 T_2 k p + (k^2 T_1 - T_2)}{T_1 T_2 p^2 + k T_1 p + 1}. \quad (9.18)$$

Damit hier die lineare Regelfläche als Gütekriterium angewendet werden kann, muß der Übergangsprozeß aperiodisch verlaufen. Speziell wird, um die einzelnen Varianten vergleichen zu können, der Grenzfall der Aperiodizität bestimmt, weil dabei das Minimum von I_1 eintritt. Aus (9.11), (9.12), (9.18) folgt für den Grenzfall der Aperiodizität als Bedingung für k

$$k = 2\sqrt{\frac{T_2}{T_1}}. \quad (9.19)$$

Für I_1^* folgt

$$I_1^* = X^*(0) = k^2 T_1 - T_2. \quad (9.20)$$

Wird noch die Bedingung für den Grenzfall der Aperiodizität (9.19) berücksichtigt, so folgt

$$I_{1.2G}^* = 3 T_2 \quad (9.21)$$

als Größe der linearen Regelfläche.

Zahlenbeispiel:

$$T_2 = 0{,}01\ \mathrm{s};\ T_1 = 10\ \mathrm{s}.$$

Für den aperiodischen Grenzfall gilt $k = 0{,}063$. Die Übergangsfunktion $x_a(t)$ bei den Anfangsbedingungen Null läßt sich aus

$$x_a(t) = 0{,}063 - (0{,}063 + 0{,}1\, t)\, \mathrm{e}^{-3.16 t} \quad (9.22)$$

berechnen und ist in Abb. 9.3 eingetragen. Die Regelfläche $I_{1.2G}^* = 0{,}03$ s ist dort schraffiert.

Bemerkt sei noch, daß bei Berücksichtigung von Anfangsbedingungen ungleich Null statt (9.14) bzw.

(9.18) die entsprechende Übertragungsfunktion benutzt werden muß, doch wird auf diese Betrachtung verzichtet.

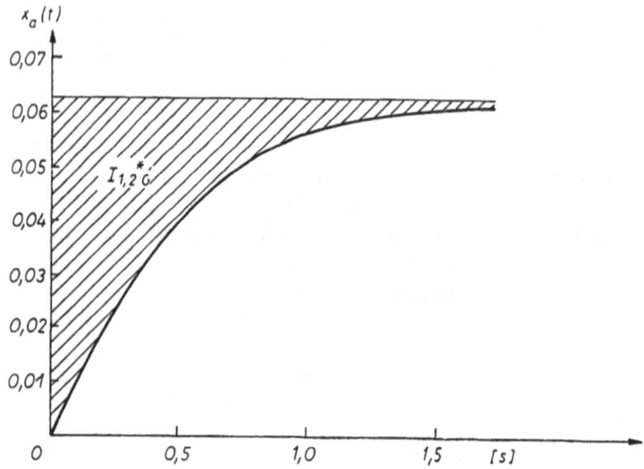

Abb. 9.3. Übergangsfunktion des Regelkreises nach Abb. 9.2 und linearer Regelfläche $L^*_{1.2G}$ (schraffiert)

9.3. Variante 3: Grundregelkreis mit zusätzlicher nachgebender Rückführung

Bei dem Regelkreis nach Abb. 9.4 wird zunächst die Differentialgleichung der Regeleinrichtung mit zusätzlich nachgebender Rückführung ermittelt. Für die nachgebende Rückführung gilt

$$T_3 \frac{\mathrm{d}w_a}{\mathrm{d}t} + w_a = \varrho T_3 \frac{\mathrm{d}v_a}{\mathrm{d}t} \tag{9.23}$$

und für die Regeleinrichtung mit nachgebender Rückführung

$$T_2 T_3 \frac{\mathrm{d}^2 v_a}{\mathrm{d}t^2} + (T_2 + \varrho T_3) \frac{\mathrm{d}^2 x_a}{\mathrm{d}t^2} = T_3 \frac{\mathrm{d}x_a}{\mathrm{d}t} + x_a. \tag{9.24}$$

Für die Differentialgleichung des geschlossenen Regelkreises nach Abb. 9.4 gilt dann

$$T_1 T_2 T_3 \frac{\mathrm{d}^3 x_a}{\mathrm{d}t^3} + T_2(T_2 + \varrho T_3)\frac{\mathrm{d}^2 x_a}{\mathrm{d}t^2} + T_3 \frac{\mathrm{d}x_a}{\mathrm{d}t} + x_a$$

$$= T_2 T_3 \frac{\mathrm{d}^2 z}{\mathrm{d}t^2} + (T_2 + \varrho T_3)\frac{\mathrm{d}z}{\mathrm{d}t}. \tag{9.25}$$

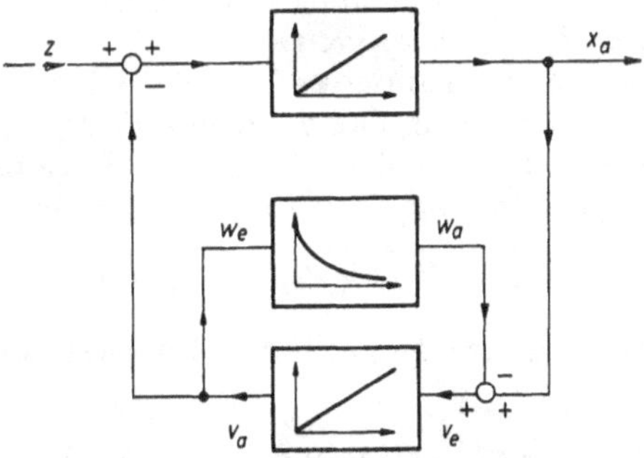

Abb. 9.4. Der Grundregelkreis mit nachgebender Rückführung (Variante 3)

Daraus folgt die Übertragungsfunktion

$$\Phi(p) = \frac{X(p)}{Z(p)} = \frac{T_2 T_3 p^2 + (T_2 + \varrho T_3)\,p}{T_1 T_2 T_3 p^3 + T_2(T_2 + \varrho T_3)p^2 + T_3 p + 1}. \tag{9.26}$$

Mit der Einheitssprungfunktion $Z(p) = \dfrac{1}{p}$ als Störgröße wird

$$X_a(p) = \frac{T_2 T_3 p + (T_2 + \varrho T_3)}{T_1 T_2 T_3 p^3 + T_{1.}(T_2 + \varrho T_3)\,p^2 + T_3 p + 1}$$

$$= \frac{1}{T_1}\,\frac{p + C_2}{p^3 + C_2 p^2 + C_1 p + C_0} \tag{9.27}$$

mit

$$C_0 = \frac{1}{T_1 T_2 T_3},$$
$$C_1 = \frac{1}{T_1 T_2}, \tag{9.28}$$
$$C_2 = \frac{T_2 + \varrho T_3}{T_2 T_3}.$$

Nun wird zur Bestimmung der minimalen linearen Regelfläche $I_{1.3\min}$ übergegangen.

Dazu werden die Parameter T_3 und ϱ bei vorgegebenen T_1 und T_2 so bestimmt, daß der Grenzfall der Aperiodizität erhalten wird, bei dem die lineare Regelfläche $I_{1.3}$ ein Minimum annimmt. Damit nun die Gleichung

$$p^3 + C_2 p^2 + C_1 p + C_0 = 0 \tag{9.29}$$

eine reelle negative Dreifachwurzel besitzt, muß nach (8.11) gelten

$$\begin{aligned} N\ (p) &= p^3 + C_2 p^2 + C_1 p + C_0 = 0, \\ N'\ (p) &= 3p^2 + 2C_2 p + C_1 = 0, \\ N''(p) &= 6p + 2C_2 = 0. \end{aligned} \tag{9.30}$$

Daraus ergibt sich

$$\begin{aligned} C_2 &= -3p \quad \text{bzw.} & C_0 &= \left(\frac{C_2}{3}\right)^3, \\ C_1 &= 3p^2, & C_1 &= \frac{C_2^{\,2}}{3}, \\ C_0 &= p^3, & p &= -\frac{C_2}{3}. \end{aligned} \tag{9.31}$$

Aus $C_1 = \frac{C_2^{\,2}}{3}$ folgt

$$\frac{1}{T_1 T_2} = \frac{(T_2 + \varrho T_3)^2}{3(T_2 T_3)^2}, \tag{9.32}$$

aus $C_0 = \left(\frac{C_2}{3}\right)^3$ folgt

$$\frac{1}{T_1 T_2 T_3} = \frac{(T_2 + \varrho T_3)^3}{(T_2 T_3)^3\, 3^3}, \tag{9.33}$$

und aus $p = \frac{C_2}{3}$

$$p = \frac{-T_2 - \varrho T_3}{3 T_2 T_3}. \tag{9.34}$$

Aus (9.32), (9.33) und (9.34) lassen sich bei vorgegebenem T_1 und T_2 diejenigen Werte von ϱ, T_3 ermitteln, die zu einer Dreifachwurzel $p_{1,2,3}$ führen. Es ergibt sich

$$\varrho = \frac{8}{3\sqrt{3}} \sqrt{\frac{T_2}{T_1}}, \tag{9.34a}$$

$$T_3 = 3\sqrt{3}\sqrt{T_1 T_2}, \tag{9.34b}$$

$$p_{1,2,3} = -\frac{1}{\sqrt{3 T_1 T_2}}. \tag{9.34c}$$

Wird nun in die Beziehung (9.27) eingesetzt, so erhält man

$$I^*_{1.3G} = X(0) = 9 T_2 \tag{9.35}$$

als Wert der linearen Regelfläche I_1 beim Grenzfall der Aperiodizität der Variante 3.
Das quadratische Integralkriterium I_2, hier $I_{2.3}$ nach Gl. (8.16) und (9.26), vereinfacht sich wegen $b_0 = B_0{}^* = 0$ so, daß

$$I_{2.3} = \frac{1}{2 a_0{}^2 \Delta} (B_0{}^* \Delta_0 + B_1{}^* \Delta_1 + B_2{}^* \Delta_2 - 2 b_0 b_1 \Delta_1)$$

$$= \frac{1}{2 a_0{}^2 \Delta} (B_1{}^* \Delta_1 + B_2{}^* \Delta_2). \tag{9.36}$$

Dabei ist

$$B_1^* = b_1^2 = (T_2 + \varrho T_3)^2,$$

$$B_2^* = b_2^2 = (T_2 T_3)^2,$$

weiterhin

$$a_0 = 1, \quad a_2 = T_1(T_2 + \varrho T_3),$$

$$a_1 = T_3, \quad a_3 = T_1 T_2 T_3,$$

$$\Delta = \begin{vmatrix} a_0 & -a_2 & 0 \\ 0 & a_1 & -a_3 \\ 0 & -a_0 & a_2 \end{vmatrix}, \qquad \Delta_0 = \begin{vmatrix} a_1 & -a_2 & 0 \\ a_0 & a_1 & a_3 \\ 0 & -a_0 & a_2 \end{vmatrix},$$

$$\Delta_1 = \begin{vmatrix} a_0 & a_1 & 0 \\ 0 & a_0 & -a_3 \\ 0 & 0 & a_2 \end{vmatrix}, \qquad \Delta_2 = \begin{vmatrix} a_0 & -a_2 & a_1 \\ 0 & a_1 & a_0 \\ 0 & -a_0 & 0 \end{vmatrix}.$$

Nach Einsetzen ergibt sich

$$I_{2,3} = \frac{T_1(T_2 + \varrho T_3)^3 + T_2^2 T_3^2}{2\varrho T_1 T_3^2}. \tag{9.37}$$

(Erinnert sei im Zusammenhang mit dem linearen bzw. quadratischen Kriterium an die Begriffe „Mittelwert“ und „Effektivwert“.)

Zahlenbeispiel:

$$T_2 = 0{,}01 \text{ s}, \ T_1 = 10 \text{ s}.$$

Damit ergibt sich ϱ aus (9.35) und T_3 aus (9.36) zu

$$\varrho = 0{,}049,$$

$$T_3 = 1{,}64 \text{ s}.$$

Der Übergangsprozeß verläuft nach der Beziehung

$$x_a(t) = 0{,}1\, t\, \mathrm{e}^{-1{,}825t}(1 - 1{,}825\, t), \tag{9.38}$$

die in Abb. 9.5 eingetragen ist. Dabei ist die

$$\text{lineare Regelfläche } I^*_{1.3G} = 0{,}09 \text{ s}$$
$$\text{quadrat. Regelfläche } I_{2.3} = 0{,}28 \text{ s}^2,$$

wobei in beiden Fällen die gleiche Dimensionierung benutzt wurde.

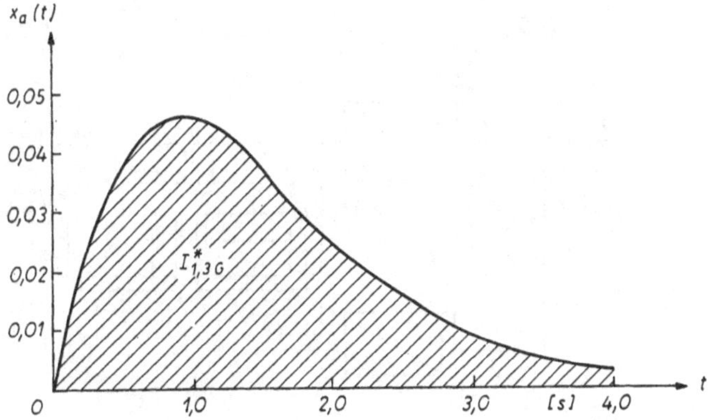

Abb. 9.5. Übergangsfunktion des Regelkreises nach Abb. 9.4. und lineare Regelfäche $I^*_{1\,3G}$ (schraffiert)

9.4. *Variante 4: Grundregelkreis mit differenzierendem Glied*

Nun wird noch die Variante betrachtet, bei der in den Regelkreis ein differenzierendes Glied eingefügt ist, und zwar wird eine Parallelschaltung aus P-Glied und idealem D-Glied, also ein ideales PD-Glied (s. auch Abschnitt 6.2.2.4), in Reihe mit dem I-Glied, der Regeleinrichtung, gelegt.

Damit ergibt sich die Anordnung nach Abb. 9.6. Dabei wird die Parallelschaltung durch die Gleichung

$$v_e = T_4 \frac{\mathrm{d}v_a}{\mathrm{d}t} + k_1 x_a \tag{9.39}$$

beschrieben. Unter Einbeziehung des I-Gliedes folgt

$$T_2 \frac{\mathrm{d}v_a}{\mathrm{d}t} = T_4 \frac{\mathrm{d}x_a}{\mathrm{d}t} + k_1 x_a, \tag{9.40}$$

für die Differentialgleichung des geschlossenen Regelkreises

$$T_1 T_2 \frac{\mathrm{d}^2 x_a}{\mathrm{d}t^2} + T_4 \frac{\mathrm{d}x_a}{\mathrm{d}t} + k_1 x_a = T_2 \frac{\mathrm{d}z}{\mathrm{d}t}, \tag{9.41}$$

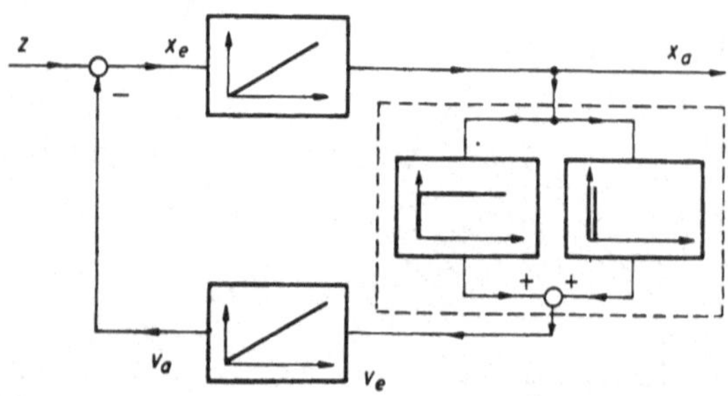

Abb. 9.6. Der Grundregelkreis mit differenzierendem Glied

und für die Übertragungsfunktion $\Phi(p)$ aus

$$\frac{x_e(p)}{x_a(p)} = T_4 p + k_1 \tag{9.42}$$

und

$$\frac{V_a(p)}{X_a(p)} = \frac{T_2 p}{T_4 p + k_1} \tag{9.43}$$

$$\Phi(p) = \frac{X_a(p)}{Z(p)} = \frac{T_2 p}{T_1 T_2 p^2 + T_4 p + k_1}. \tag{9.44}$$

Unter der Voraussetzung, daß die Koeffizienten T_1, T_2, T_4, k größer Null sind, besitzt die charakteristische Gleichung nur Wurzeln mit negativem Realteil, so daß die Stabilität gesichert ist.

Die Bedingung für den Grenzfall der Aperiodizität lautet

$$k_1 = \frac{T_4^2}{4T_1T_2}, \tag{9.45}$$

so daß sich für das Minimum der linearen Regelfläche $T_{1.4\min}$

$$I^*_{1.4G} = X_a(0) = \frac{T_2}{k_1} \tag{9.46}$$

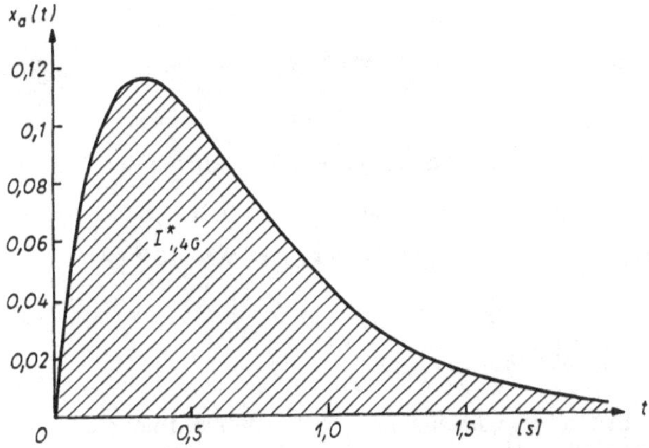

Abb. 9 7. Übergangsfunktion des Regelkreises nach Abb. 9.6. und linearer Regelfläche $I^*_{1\,4G}$ (schraffiert)

ergibt. Für die quadratische Regelfläche $I_{2.4}$ wird unter Benutzung der Gleichung

$$X_a(p) = \frac{b_1 p}{a_0 + a_1 p + a_2 p^2} \, \frac{1}{p} \tag{9.47}$$

wegen $b_0 = 0$

$$I_{2.4} = \frac{B_1{}^* \Delta_1}{2a_0{}^2 \Delta} = \frac{b_1{}^2}{2a_0 a_1} = \frac{T_2{}^2}{2k_1 T_4} \tag{9.48}$$

erhalten, da

$$\Delta = \begin{vmatrix} a_0 & -a_2 \\ 0 & a_1 \end{vmatrix}, \qquad \Delta_1 = \begin{vmatrix} a_0 & a_1 \\ 0 & a_0 \end{vmatrix}$$

und

$$a_2 = T_1 T_2, \quad b_1 = T_2,$$
$$a_1 = T_4,$$
$$a_0 = k.$$

Zahlenbeispiel:

$$T_2 = 0{,}01\ \text{s},\ T_1 = 10\ \text{s},\ k_1 = 1,\ T_4 = 0{,}63\ \text{s}.$$

Dann ergibt sich aus (9.41) bzw. (9.44) die Abhängigkeit

$$x_a(t) = 0{,}1 \cdot t\ \mathrm{e}^{-3{,}16t},$$

die in Abb. 9.7 eingetragen ist. Es folgt für die

lineare Regelfläche $I^*_{1.4G} = 0{,}01$ s,
quadrat. Regelfläche $I_{2.4} = 0{,}8 \cdot 10^{-4}$ s.

10. Ausblick

In den vorangegangenen Abschnitten sollte eine kurze Einführung in das Verhalten eines linearen stetigen einschleifigen Regelkreises gegeben werden. Er ist, wie dargelegt wurde, dadurch charakterisiert, daß der Ausgangswert, nämlich die Regelgröße, mit negativem Vorzeichen an den Eingang zurückgeführt wird. Diese Schleifenbildung im Signalflußbild des Regelkreises ruft gegenüber Einrichtungen ohne Rückführschleife ein grundsätzlich anderes Verhalten hervor. Bei einem Regelkreis ist nämlich die Stabilität eine notwendige aber nicht hinreichende Bedingung für das ordnungsgemäße Arbeiten. Weiter muß er u. a. sowohl im stationären als auch im dynamischen Falle die vorgegebene Arbeitsgenauigkeit erbringen, also eine ausreichende Güte besitzen.

Bei dem betrachteten linearen stetigen Regelkreis wurden als Eingangsgrößen nur determinierte Signale, nämlich sprungförmige, rampenförmige und sinusförmige benutzt. Die natürlichen Eingangsgrößen der Regelkreise sind jedoch in Abhängigkeit von der Zeit zufällige (stochastische) Funktionen. Zur Berechnung der Ausgangsgrößen von linearen Regelkreisen bei stochastischen Eingangsgrößen müssen Wahrscheinlichkeitsbetrachtungen angestellt werden, die viel komplizierter sind als die Überlegungen im Falle von determinierten Eingangsgrößen.

Vorausgesetzt war, daß der Regelkreis durch eine gewöhnliche lineare Differentialgleichung mit konstanten Koeffizienten dargestellt werden kann. Wesentlich ist aber auch der Fall, daß Koeffizienten der Differentialgleichung zeitabhängig sind, weil sich ein oder mehrere Parameter des Regelkreises zeitlich ändern.

Im Zusammenhang mit den digitalen Rechenautomaten erlangten Abtastsysteme erhebliche Bedeutung, bei denen bestimmte Größen im Regelkreise nur zu gewissen Zeiten zur Verfügung stehen (vgl. Abb. 1.1). Dabei wird der Regelkreis durch eine Differenzengleichung beschrieben.

Alle praktisch vorkommenden Regelkreise sind nichtlinear. Wenn der betrachtete Regelkreis nicht linearisiert werden kann, kompliziert sich seine rechnerische Behandlung erheblich.

Bisher war angenommen worden, daß die Parameter des Regelkreises nach ihrer Justierung konstant bleiben oder sich nach einer bekannten Zeitabhängigkeit ändern. Daraus ergibt sich die Frage, wie ein Regelungssystem ausgebildet sein muß, damit es sich veränderten Bedingungen, deren Ursachen ggf. gar nicht ausreichend bekannt sind, anpassen kann. Diese Möglichkeit der Regelung bei unvollständiger Apriori-Information beruht auf der Methode der Adaption, der Selbsteinstellung. Dabei wird die ursprüngliche Unbestimmtheit durch Information verkleinert, die während des Regelungsprozesses gewonnen wird. Als Extremalsystem sollte jedoch nur eine solche Anordnung bezeichnet werden, bei der ein automatischer Suchprozeß stattfindet. Dieser wird durch ein Gütemeßgerät verfolgt, das den ermittelten Wert einem automatischen Optimisator zuführt, der seinerseits die Stellgröße beeinflußt.

Ein lernendes System unterscheidet sich von einem adaptiven im Prinzip dadurch, daß es seine Struktur den auftretenden Erfordernissen automatisch, und zwar auf Grund früherer Erfolge ändert. Notwendig ist also das Vorhandensein eines geeigneten Speichers.

Hiermit ist die Frage nach Regelungssystemen mit mehreren Eingangs- bzw. Ausgangsgrößen nahegelegt. Offenbar werden sich die Schwierigkeiten und die Rechenarbeiten, wenn von den entsprechenden des einschleifigen Regelkreises ausgegangen wird, mit dem Anwachsen der Zahl der Eingangs- und Ausgangsgrößen sehr schnell vergrößern. Deshalb begegnet die Frage der zweckmäßigen rechnerischen Behandlung solcher „großer Systeme" wachsender Aufmerksamkeit. (Dabei ist „groß" in bezug auf die Zahl der beteiligten Bausteine zu verstehen.) Genannt seien technische, biologische, ökonomische Systeme. Die Untersuchung technischer großer Systeme bietet den Vorteil, daß sie stillgesetzt, geändert und wieder in Betrieb genommen werden können, was bei biologischen Systemen, die im Grunde übergroße Systeme darstellen, nicht angängig ist.

Die öfter genannten selbstorganisierenden Systeme sind dadurch ausgezeichnet, daß deren Ordnungsgrad mit der Zeit steigt. Wenn man sie innerhalb ihrer Umwelt betrachtet, so steigt aber die Entropie des aus selbstorganisierenden System und Umwelt bestehenden Gesamtsystems.

11. Anhang

11.1. Einige Regeln der Laplace-Transformation

1. Ähnlichkeitssatz

$$\mathcal{L}[f(at)] = \frac{1}{a} F\left(\frac{p}{a}\right)$$

2. Differentiationsregel

$$\mathcal{L}\left[\frac{\mathrm{d}^n f}{\mathrm{d}t^n}\right] = p^n F(p)$$

3. Integrationsregel

$$\mathcal{L}[\underbrace{\int \cdots \int}_{n\text{-mal}} f(t)\,\mathrm{d}t^n] = \frac{F(p)}{p^n}$$

4. Grenzwertsatz

$$\lim_{t \to \infty} f(t) = \lim_{p \to 0} p F(p)$$

5. Satz über den Anfangswert

$$\lim_{t \to 0} f(t) = \lim_{p \to \infty} p F(p)$$

6. Verschiebungssatz im Reellen

$$\mathcal{L}[f(t - \tau_0) = \mathrm{e}^{-\tau_0 p} F(p)$$

7. Faltungssatz im Originalbereich

Wenn $F_1(p) = \mathcal{L}[f_1(t)]$,

$F_2(p) = \mathcal{L}[f_2(t)]$,

dann $F_1(p) * F_2(p)$

$$= \mathcal{L}\left[\int_0^t f_1(t - \tau)\, f_2(\tau)\right] \mathrm{d}\tau$$

11.2. Korrespondenzen

1. $\dfrac{1}{p}$ $\qquad 1$

2. $\dfrac{1}{p^n}\ (n > 0)$ $\qquad \dfrac{t^{n-1}}{(n - 1!}$

3. $\dfrac{1}{p + a}$ $\qquad e^{-at}$

4. $\dfrac{1}{(p + a)(p + b)}$ $\qquad \dfrac{e^{-at} - e^{-bt}}{b - a}$

5. $\dfrac{p + a_0}{(p + a)(p + b)}$ $\qquad \dfrac{(a_0 - a)\, e^{-at} - (a_0 - b)\, e^{-bt}}{b - a}$

6. $\dfrac{p + a_0}{(p + a)(p + b)(p + c)}$ $\qquad \dfrac{a_0 - a}{(b - a)(c - a)}\, e^{-at} + \dfrac{a_0 - b}{(a - b)(c - b)}\, e^{-bt} + \dfrac{a_0 - c}{(a - c)(b - c)}\, e^{-ct}$

7. $\dfrac{p + a_0}{(p + a)^2}$ $\qquad [(a_0 - a)\, t + 1]\, e^{-at}$

8. $\dfrac{p + a_0}{p(p + a)^2}$ $\qquad \dfrac{a_0}{a^2} + \left(\dfrac{a - a_0}{a}\, t - \dfrac{a_0}{a^2}\right) e^{-at}$

9. $\dfrac{p + a_0}{(p + b)(p + a)^3}$ $\qquad \dfrac{a_0 - b}{(a - b)^3}\, e^{-bt} + \left[\dfrac{a_0 - a}{2(b - a)}\, t^2 + \dfrac{b - a_0}{(b - a)^2}\, t + \dfrac{a_0 - b}{(b - a)^3}\right] e^{-at}$

10. $\dfrac{1}{p^2 + a^2}$ $\qquad \dfrac{1}{a} \sin at$

11. $\dfrac{p}{p^2 + a^2}$ $\qquad \cos at$

12. $\dfrac{p + a_0}{(p + a)(p^2 + b^2)}$ $\qquad \dfrac{a_0 - a}{a^2 + b^2} e^{-at}$

$$+ \frac{1}{b} \sqrt{\frac{a_0^2 - b^2}{a^2 + b^2}} \sin(bt + \lambda),$$

$$\lambda \equiv \operatorname{arctg} \frac{b}{a_0} - \operatorname{arctg} \frac{b}{a}.$$

12. Literatur

[1] LERNER, A. JA., Grundzüge der Kybernetik (a. d. Russ.) VEB Verlag Technik, Berlin 1970, 343 S.

[2] DOBESCH, H., SULANKE, H., Zeitfunktionen. VEB Verlag Technik, Berlin 1964, 240 S.

[3] UNBEHAUEN, R., Systemtheorie. Akademie-Verlag, Berlin 1969, 203 S.

[4] OLDENBOURG, R. C., SARTORIUS, H., Dynamik selbsttätiger Regelungen. R. Oldenbourg, München 1951, 258 S.

[5] GILLE, J. C., PELEGRIN, M., Lehrgang der Regelungstechnik Bd. 1, Theorie der Regelungen (a. d. Französ.). VEB Verlag Technik, Berlin 1969. Verlag Oldenbourg, München 1960, 447 S.

[6] OPPELT, W., Kleines Handbuch technischer Regelvorgänge, 4. Auflage, Verlag Weinheim, VEB Verlag Technik, Berlin 1964, 686 S. 5. Aufl., 1972.

[7] SAMAL, E., Grundriß der praktischen Regelungstechnik. Verlag Oldenbourg, München, Bd. I, 1960, 334 S.; Bd. II, 1970, 396 S.

[8] SOLODOWNIKOW, W. W., Grundlagen automatisierter automatischer Systeme (a. d. Russ.), 2. Aufl., I. Stetige lineare Systeme. VEB Verlag Technik, Berlin 1971, 741 S.
II. Analyse und Synthese linearer Systeme. VEB Verlag Technik, Berlin 1971, 680 S.

In Vorbereitung: III. Instationäre und nichtlineare Systeme und IV. „Selbsteinstellende Systeme“.

[9] KINDLER, H., BUCHTA, H., WILFERT, H. H., Aufgabensammlung der Regelungstechnik, 2. Aufl., VEB Verlag Technik, Berlin 1968, 254 S.

[10] KINDLER, H., POHL, G., Kleines regelungstechnisches Praktikum. VEB Verlag Technik, Berlin 1967, 234 S.

[11] TGL 14591, Steuerungs- und Regelungstechnik, Begriffe und Benennungen, Berlin 1963.

Sachverzeichnis

Der Autor

- **geht auf das dynamische Verhalten der einfachsten Klasse von Regelkreisen ein**

- **betrachtet, vom Signalbegriff ausgehend, Übertragungsglieder und Übertragungsfunktionen**

- **untersucht nach Bildung des Regelkreises dessen Stabilität und Güte**

- **deutet weiterführende Aufgaben der Regelung an**

WISSENSCHAFTLICHE TASCHENBÜCHER